U0148063

新文京開發出版股份有限公司

NEW
WCDP

新世紀‧新視野‧新文京 ─ 精選教科書‧考試用書‧專業參考書

New Wun Ching Developmental Publishing Co., Ltd.

New Age · New Choice · The Best Selected Educational Publications—NEW WCDP

Introduction to
**Soil and Groundwater
Pollution**

土壤
及地下水
污·染·概·論

楊振峰 ————

編著

序言

　　土壤是各種污染物最終的承受體，近年空氣、水、廢棄物處理不當，導致土壤與地下水污染層出不窮；如桃園的美國無線電公司(RCA)廠污染案、臺南安順氯鹼廠、高雄中油煉油總廠等。因為嚴重污染、且周遭地下水文複雜，目前仍積極進行整治中。此外，臺灣地狹人稠，土水資源相對有限，因此受污染土壤與地下水場址及其後續之整治相較其它國家更顯得重要許多。

　　土壤涉及私有財，《土壤及地下水污染整治法》又是環保法規中唯一以「整治」為目的之法規，故在整體架構上與其它環保法規不盡相同，也因此其管理流程相對重要。在土壤與地下水整治全盤的架構上，期許能充分了解學習者的需求，進而提升學習興趣並以淺顯易懂的方式為作為編著方向，以期讀者在學習上有事半功倍之效。

　　本書《地下污染物概論》共分九個章節：Chapter01 **土壤與地下水基本認知**，說明土壤組成與特性、了解土壤與地下水相關名詞，進而解釋地下污染物的種類、來源、危害與特性；Chapter02 **土壤與地下水污染整治基本認知**，說明土壤與地下水污染的定義、來源、成分與流布特性；Chapter03 **污染評估調查檢測與污染流布**，說明污染場址調查與污染物流布特性；Chapter04 **土壤與地下水污染物化處理技術**，透過污染物化整治技術的基本認知，說明土壤與地下水污染如何進行物化處理；Chapter05 **土壤及地下水污染生物整治技術**，透過污染物化整治技術的基本認知，說明土壤與地下水污染如何進行生物處理；Chapter06 **特定污染物整治技術**，探討重金屬污染、加油站油品污染與含戴奧辛污染之土壤及地下水污染綜合整治技術；Chapter07 **土壤與地下水污染整治策略**，解析相關法規，

説明土壤與地下水污染判定流程及管制策略；Chapter08 **毒性及關注化學物質認知與管理**，探討相關法規，說明毒性及關注化學物質的認知與管理；最後透過 Chapter09 **土壤與地下水污染健康風險評估**，詳盡研析風險評估與管理認知，風險評估與管理架構與風險描述，以利讀者對於整治地下污染物時，能導入風險之概念。

本書各單元融入環保署土壤與地下水專責人員學科學習內容及相關法規組成之測驗題庫試題與解答，再加入公務人員地方特考、普考與高考等國考試題，以利讀者演練與評量。內容編排上，以淺顯易懂之文字與圖示，循序漸進地呈現，以利讀者按部就班學習。運用圖說與基本學理推導地下污染物整治時常用之公式，協助讀者理解與運用。本書匆促付梓，疏漏與錯誤之處尚祈環境與衛生界的先進不吝指教。

楊振峰 謹識

目錄

CHAPTER
01

土壤與地下水基本認知

CHAPTER
02

土壤與地下水污染整治基本認知

CHAPTER
03

污染評估調查檢測與污染流布

土壤與地下水污染物化處理技術

CHAPTER 04

土壤及地下水污染生物整治技術

CHAPTER 05

特定污染物整治技術

CHAPTER 06

CHAPTER 07 土壤及地下水污染整治策略

CHAPTER 08 毒性及關注化學物質認知與管理

CHAPTER 09 土壤與地下水污染健康風險評估

附 錄

CHAPTER

01

土壤與地下水基本認知

土壤組成與特性

一、土壤的定義

依據《土壤及地下水污染整治法》第 2 條，土壤係指陸上生物生長或生活之地殼岩石表面之疏鬆天然介質。

二、土壤的功能

（一）作為生物的棲地

土壤是地球上較為複雜和高度變化的棲息地之一，除了微生物外，土壤中的動、植物相也極為複雜。大型動物如鼠類、蚯蚓、蝸牛；小型動物如線蟲和輪蟲等；植物相如綠藻、藍綠藻等，任何在土壤中生存的生物體都必須有多種機制來應對濕度、溫度和化學變化的多樣性，以便生存、發揮功能和繁殖，因此，土壤的物理和化學性質的變異是土壤生物群體存在和永續的重要因素。

（二）作為植物生長的介質

除水耕植物外，植物的根大都生長在土壤中，植物透過根部吸收養分而能維持生存，土壤則對植物提供支撐力量，因此，不同性質的土壤就會產生不同狀態的植被，也間接影響生態系中動物的群落。

（三）作為污染物和養分間轉換的介質

在土壤中，污染物質藉由輸入、轉換和輸出參與生態系中養分的循環。由於土壤對於環境污染物具有一定的涵容能力，一旦污染物進入土壤，因土壤自淨能力的作用，尚不致危害整個生態，但污染物總量超過土壤涵容能力時，便會導致危害。

（四）涵養、淨化與提供水資源

　　土壤於化育過程中會形成許多孔隙，作為土壤中大小綿密的水分儲存空間和流動路徑，當雨水降落地面時，便能進入土壤而達到涵養水資源的目的。此外，土壤亦具有天然水質淨化的功能，當水分通過土壤時，可藉由吸附、離子交換等作用去除水中的懸浮固體物和有機污染物等。雨水藉由土壤的過濾進入地下水體系中，可將水資源供應給民生、農業和工業用水。

（五）提供碳匯與調節大氣環境

　　土壤藉由植物生長，由光合作用吸附二氧化碳進入植物體形成有機質，是非常良好的天然二氧化碳儲存庫（碳匯），碳的吸存會影響到大氣中的二氧化碳與甲烷等溫室氣體的含量，對全球暖化等問題有重要的影響。此外，土壤中含有大量的水氣，因此土壤也能調節局部區域的大氣濕度。

（六）提供工程施作的基礎

　　陸地上包括房屋、道路、機場等土建工程，需有穩定扎實的土壤做為基礎。工程本身及工程上之載物皆受土壤本身物理性及化學性的影響。因此在工程做前需要了解整個土壤剖面中各土層之性質。土壤對環境的功能示意如圖 1-1 所示。

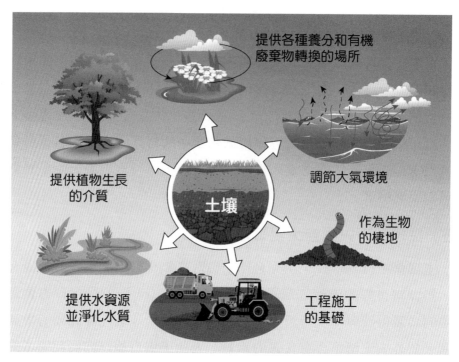

提供各種養分和有機廢棄物轉換的場所

調節大氣環境

提供植物生長的介質

作為生物的棲地

提供水資源並淨化水質

工程施工的基礎

土壤

圖 1-1　土壤對環境的功能

三、土壤的剖面

　　整個土壤之縱向剖面是由幾個化育層所組成，由地殼表層往下之垂直面，由上而下約可區分為 5 層，說明如下：

分層		說明
O 層	有機質層	含原狀殘落物、半腐解生物殘體和腐解的黑色有機質。
A 層	礦質層	包含上層的表土層和底部的淋溶層。
B 層	底土層	承受由 A 層淋溶下來的物質，沉澱所形成的土層，又稱化育層或澱積層。
C 層	風化層	乃岩石風化碎屑殘積物所組成，是土壤發育的母體。
R 層	底岩層	乃未經風化的堅硬岩層，又稱為基岩層。

　　化育完整之土壤一般具有完整的層級；若化育程度未完全者，一般無B 層（底土層）之層級。而影響化育完整性之關鍵因素則包括：氣候、地形、母質、植生及時間等因素。土壤一般完整的分層如圖 1-2 所示。

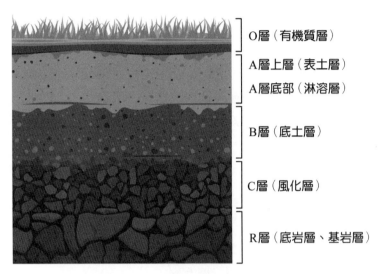

O層（有機質層）

A層上層（表土層）

A層底部（淋溶層）

B層（底土層）

C層（風化層）

R層（底岩層、基岩層）

圖 1-2　完整土壤的剖面分層

四、土壤的質地

　　土壤質地是指土壤之粗細程度或土壤中的顆粒大小分布。土壤顆粒可分為砂粒(Sand)、坋粒(Silt)和黏粒(Clay)三類。不同顆粒比例組合而成土壤質地，土壤質地將影響土壤的滲水性與空氣循環。

1. 黏土則是土粒直徑在 0.002mm 以下或含黏粒 60%以上，且砂粒含量在 40%以下之土壤，其性質與砂土相反，保水力強、土質緊密，但排水及通氣不良。

2. 砂土一般是指土粒直徑在 2 mm 以上或含砂粒 80%以上，且黏粒20%以下之土壤。砂土是單粒構造之土壤，孔隙大、土質鬆軟、通氣性佳，但相對地其保水力及保肥力較差。

3. 壤土的特性則介於砂土和黏土之間,兼具兩者的優點,是最理想的土壤。

土壤的質地分析如圖 1-3 所示。

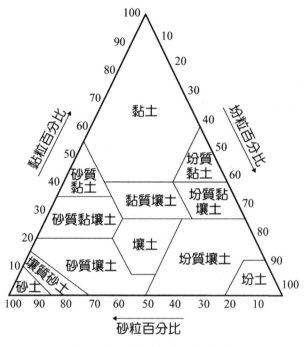

圖 1-3 土壤的質地分析

五、土壤的多相體系

(一)固相

固相成分包含無機成分與有機成分:

1. 無機成分如氧化物、矽酸鹽、硫酸鹽、鹵化物、硫化物、磷酸鹽等。

2. 有機成分如腐植質、微生物、植物根系等。

（二）液相

　　液相成分係指土壤中的水分溶入構成土壤溶液。土壤溶液可反映出土壤的酸鹼性。

（三）氣相

　　氣相成分係指土壤孔隙率扣除液相成分的氣體，其成分和空氣中的氣相相近。

六、土壤的組成～礦物質

　　土壤中的礦物質分為原生礦物與次生礦物：

（一）原生礦物

　　指在風化的過程中，未改變原來化學組成的原始礦物，如長石類、雲母類等。其粒徑較粗，大小為 1~0.001 毫米範圍。

（二）次生礦物

　　係構成土壤最主要的部分，為岩石風化過程中之產物，化學組成已改變，顆粒較細小，一般小於 0.25 微米，且具有膠體特性，如黏土礦物，大部分帶負電荷、在水中不易沉澱，對水分子有親水性及疏水性之分。

七、土壤的組成～有機物

（一）腐植質的形成

　　有機物在微生物作用下，能被氧化而形成一種特殊的有機物，為一種棕色或暗棕色無定形的有機膠體物質，稱為腐植質。

（二）腐植質之特性

1. 屬於高分子聚合物。具有苯環結構，苯環周圍連有多種官能基如羧基、羥基、甲氧基、酚羥基、醇羥基以及氨基等。

2. 可改變土壤的物理、化學特性，可使土壤營養質有效性增加，中和植物毒素，並保持肥沃力等。

3. 與次生礦物比較，具有較大的表面積及較高的陽離子交換量。腐植質的陽離子交換量可達 150-300mg/100g。

註 陽離子交換量係指每 100g 的土壤所能吸著的陽離子重量而言。

 1-2　土壤的環境效益

一、土壤的自淨能力

（一）土壤的自淨作用

當土壤受污染物入侵後，會經由物理作用、生化分解作用以及自然移轉等方式，讓污染物移出或穩定下來，而使土壤回復至原來的狀態，此種作用稱為土壤的自淨能力。土壤的自淨能力隨污染物與土壤的性質而不同，此外，環境的氣候、水文條件等亦會影響其自淨能力。

（二）土壤中的微生物

土壤組成要素中對於污染物的去除最有效且最具貢獻者為微生物 (Microorganism)，不同微生物對應不同污染物之去除，微生物體內具有多元的酵素系統，大部分有機物都能被微生物所分解，差別在速度快慢。

（三）土壤的礦化作用

　　土壤中的微生物主要將有機態的 C、N、S 及 P 等化合物，轉變成無機物，供給植物所需的養分，此過程稱為礦化作用(mineralization)，透過這個過程，自然界的元素才能獲得循環，生態系統中的各種生物也才能獲得所需的營養及能源。

（四）土壤的污染物降解

　　重金屬進入土壤後，因土粒的吸附作用，再配合適當的 pH 值及氧化還原電位等環境因素，被固定下來，而暫時失去其活性；農藥有機物可因土壤中微生物的逐步分解成無害的二氧化碳(CO_2)及水(H_2O)。

　　土壤微生物是土壤中個體微小的活生物體，其個體直徑一般在 0.5~2 微米，且數量甚多，每克表土中達幾千萬到幾十億個數目。土壤微生物種類很多，包括細菌、真菌、放射菌和各種原生物、低等植物（如藻類）。進入土壤的各種污染物質，將在它們共同的作用下對污染物發生各種轉化、降解與淨化。土壤中微生物種類與作用的角色如表 1-1 所示。

表 1-1 　土壤中微生物種類與角色扮演

菌種	菌名	作用角色
細菌	自營性細菌（硫氧化菌、硝化菌、脫氮菌、固氮菌）	擔任分解者角色：礦物質循環，植物共生作用（固氮菌）
放射菌	絲狀原核菌	分解者
真菌	酵母菌、絲狀菌	分解者
藻類	綠藻、矽藻、藍綠藻	生產者
原生動物	纖毛蟲、鞭毛蟲、變形蟲	消費者

二、土壤的緩衝能力

土壤本身對於酸鹼性(PH)有極佳之調適能力,即是對於酸鹼度有良好的緩衝能力,可使土壤中之各種生物生存處於適當的環境中,使生命得以延續。當可溶性鹽類(K^+, Na^+, Li^+)或肥料($NH4^+$)過多時,土壤即以其固有之「陽離子交換能力」(CEC)將這些物質吸附,使其不致於過多而導致植物受傷害。

三、土壤可提供的營養素

土壤肥力來源一般認為是來自動植物腐化後之殘骸——腐植質。腐植質又可因其溶於酸或鹼之特性,可分為腐植素、腐植酸與黃酸三類。

(一)腐植素

腐植素為強鹼不溶之部分,結構複雜,分子量龐大。

(二)腐植酸

腐植酸則為強鹼可溶,但強酸不溶之部分,分子量最大且含碳量可達 60%以上。

(三)黃酸

黃酸則為強酸、強鹼皆可溶之部分,聚合程度較弱,分子量較小,碳含量可達 45%。

1-3　土壤中物質的循環

一、碳的循環

　　碳的循環之要素是二氧化碳。植物、藻類等可利用空氣或水中的二氧化碳進行光合作用(Photosynthesis)，把無機碳轉化為有機物，作為成長和存續之用。缺氧狀態下，這些有機物將經由一連串微生物的作用，最後形成甲烷，當甲烷遇到氧氣時，又被甲烷氧化菌將其分解成二氧化碳，形成一個自然界之碳循環。此外，當燃燒使用化石燃料時，也會釋出大量之二氧化碳。碳循環示意如圖 1-4 所示。

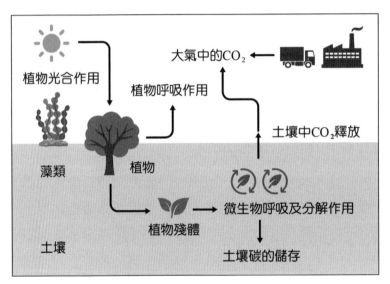

圖 1-4　土壤中碳的循環

二、氮的循環

氮元素循環包括微生物與一般之物化作用，常見之氮循環包括礦化（氨化）、同化（合成）、硝化、脫氮及固氮等五大作用，各作用說明如下：

（一）固氮作用(Nitrogen Fixation)

即將空氣中的氮氣轉變成氨(NH_3)或蛋白質的過程。自然界中常見的有兩種方式：

1. 閃電固氮

當打雷閃電時，空氣中的氮及氧被分解形成氨及硝酸鹽，隨雨水降至土壤中，以等待植物吸收。

2. 生物固氮

土壤中的固氮細菌，以有機質為養料並獲得能源，可將空氣中的氮氣(N_2)直接吸收，組成細胞的組織。

（二）礦化作用(Mineralization)

又稱氨化作用或礦物質化，土壤中的微生物將有機態的 N 化合物，轉變成無機物，供給植物所需的養分，此過程稱為礦化作用。

（三）硝化作用(Nitrification)

植物性蛋白質或動物性蛋白質（俗稱有機氮）可在足夠數目的硝化菌、充足的氧氣、適宜碳源以及充足的水分、適當的溫度等條件下，逐漸分解成氨氮、亞硝酸氮、硝酸氮。

（四）同化作用(Nitrogen assimilation)

氮是植物生長和代謝的重要元素。將土壤中的無機氮源轉化為有機氮化合物，是合成重要植物生物分子不可或缺的一部分。

（五）脫硝作用(Denitrification)

若土壤處於厭氧狀態下，上述形成的硝酸氮($NO_3{}^-$)將轉變成亞硝酸氮($NO_2{}^-$)，最後形成氮氣(N_2)，回復至空氣中。氮循環示意如圖 1-5 所示。

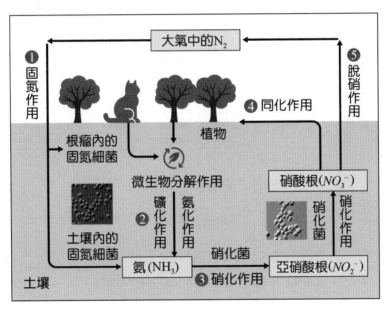

圖 1-5　土壤中氮的循環

三、硫的循環

硫和氮一樣，對於作物生長來說是很重要的營養元素，硫是組成蛋白質的重要元素之一，藉由蛋白質的同化與礦化作用於自然界中循環。

　　化石燃料（如柴油、媒）的燃燒或火山爆發，含硫化合物進入大氣，大氣中的 SO_2、H_2S 或 S，均能氧化成SO_3^{2-}或 SO_4^{2-}，與水作用形成亞硫酸及硫酸，再經降雨作用回到土壤中形成硫酸鹽，再被植物所利用，形成自然界之硫循環。

　　對生物而言，硫係屬於營養元素，生物吸取硫後，體內氨基酸便會合成含有硫氫(SH)鍵的蛋白質。植物吸收硫之主要的形式為硫酸根離子SO_4^{2-}。硫酸根離子在厭氧狀態被脫硫弧菌等微生物還原成H_2S 或元素S。土壤中之H_2S易與金屬陽離子如 Fe、Ca、Zn、Co、Cu 及 Cd 等形成不溶性之硫化物而固定於土壤中。

　　自然環境中硫循環一般包括四大作用，分別是硫氧化、同化、礦化與硫還原作用。各作用說明如下：

（一）硫氧化作用(sulfur oxidation)

　　含硫有機物可在足夠數目的硫氧化菌、充足的氧氣及充足的水分、適當的溫度等條件下，形成硫酸鹽(SO_4^{2-})。

（二）同化作用(sulfur assimilation)

　　硫是植物生長和代謝的重要元素。將土壤中的無機硫轉化為有機硫化合物，是合成重要植物生物分子不可或缺的一部分。

（三）礦化作用(mineralization)

　　土壤中的微生物將有機態的 S 化合物，轉變成無機物，供給植物所需的養分，此過程稱為礦化作用。

（四）硫還原作用(sulfur reduction)

　　硫還原作用包括同化硫還原作用，由硫酸鹽還原為有機硫($SO_4^{2-} \rightarrow$ R-SH)及硫還原作用($SO_4^{2-} \rightarrow SO_3^{2-} \rightarrow H_2S$)。

土壤環境中硫的循環示意如圖 1-6 所示。

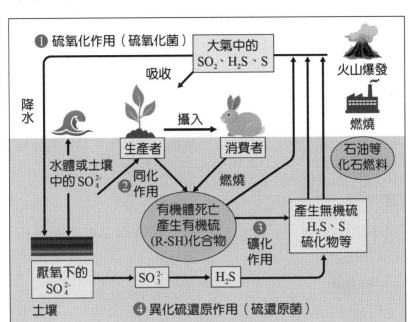

圖 1-6　土壤環境中硫的循環

 地下水的認知與特性

一、地下水的認知

　　依據《土壤及地下水污染整治法》第 2 條，流動或停滯於地面以下之水稱之為地下水。由降雨和地面水入滲到地下水位來補注。當降雨和地面水滲透、流入土壤後，土壤的水在地下形成飽和層，飽和層中含有的水稱為地下水。地下水（飽和層）與土壤（不飽和層）的分界為「地下水位面」(Water Table)，地下水有好的品質和富含化學物質，這是地下水在自然界的特性。

（一）不飽和層

地下水位面以上為土壤（不飽和層），不飽和層中孔隙間存在著水與空氣。

（二）飽和含水層

地下水位面以下為地下水（飽和層），飽和層中的空隙則完全被水充滿，發生於此處的污染問題就稱之為地下水污染，其中飽和層又分為受壓層與非受壓層。

1. 受壓含水層

兩個不透水地層裡充滿水時，稱此水層為受壓含水層(Confined aquifer)。

2. 非受壓含水層

地下水面上無不透水層時，稱此水層為非受壓含水層(Unconfined aquifer)，非受壓含水層的水位即為地下水位。地下水層認知如圖 1-7 所示。

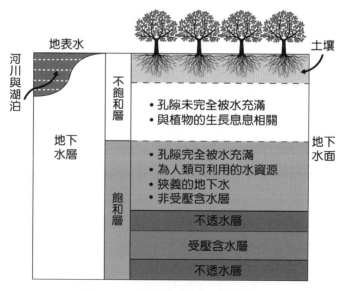

圖 1-7　地下水層認知示意圖

二、地下水的水質特性

1. 地下水含鹽量較高：地下水流程遠、流速慢，與岩層及土壤接觸的時間久，易將其中可溶性礦物質溶解，因此含鹽量較地面水高。

2. 地下水的密度較高：由於所含的鹽分較多，地下水的密度也較高。

3. 地下水的溫差較小：地下水存在並流動於土壤及岩層的下方，因此受氣溫的影響較小，全年溫差不大，因而地下水具有冬暖夏涼的特性。

4. 地下水較難遭受污染，但受污染後會更難恢復。

考題練習

選擇題

( ) 1. 「某地土壤可看出一顆顆土粒，可能因為久旱不雨，所以用手用力一捏，土粒立即碎掉。」根據上述，此種土壤應屬　(A)砂土　(B)坋土　(C)黏土　(D)坋質黏土　(E)壤土。

( ) 2. 地表土壤產生流失的現象與下列何者關係最密切？　(A)地表的淋溶作用　(B)土壤的洗出作用　(C)雨水的沖蝕作用　(D)土壤的成土作用　(E)地球的內營力作用。

( ) 3. 在臺灣地區，造成土壤侵蝕的最主要原因是　(A)冰河　(B)風　(C)河流　(D)雨水　(E)海水。

( ) 4. 就土壤質地而言，最適合作物種植與生長的土壤是　(A)壤土　(B)粉砂壤土　(C)黏質壤土　(D)壤質砂土　(E)砂質黏土。

( ) 5. 土壤質地中，黏土顆粒的粒徑最小，土層密實度高。試問，為何灌水太快，會形成地表逕流增加，造成水資源浪費？　(A)土壤滲流較慢　(B)持水力較小　(C)蓄水達飽和的速度快　(D)粒子間空隙大　(E)內含石粒太多。

( ) 6. 下列有關辨別土壤質地的敘述，何者「錯誤」？　(A)辨別的第一步先了解土壤中砂粒、坋粒、黏粒三級土粒的含量　(B)進一步可利用土壤質地三角圖辨別其質地類型　(C)可在實驗室中利用儀器對土壤樣本作精確分析辨其質地　(D)在野外僅以肉眼觀察亦可得知其質地　(E)辨別時若水分適當則粘質土類可塑性甚大。

（　）7. 臺灣地區因為受下列哪些自然環境影響，因此土壤侵蝕十分嚴重？（甲）山區少有植被披覆、（乙）河川侵蝕力強、（丙）常有暴雨發生、（丁）日夜溫差大、（戊）地形坡度大。正確的是 (A)甲乙丙　(B)乙丙戊　(C)丙丁戊　(D)甲丙丁　(E)甲乙戊。

（　）8. 下列何者具有涵養地表水及提供生物棲息與保護的功能？ (A)土壤　(B)海洋　(C)河川　(D)河口。

（　）9. 土壤剖面由上而下約可區分為 5 層，請問表土層位於第幾層？ (A)第 1 層　(B)第 2 層　(C)第 3 層　(D)第 4 層。

（　）10. 土壤微生物將有機態的 C、N、S 及 P 等化合物，轉變成無機物，供給植物所需的養分，此過程稱為　(A)碳化作用　(B)礦化作用　(C)硝化作用　(D)固化作用。

（　）11. 下列何種為氮循環的主要作用？　(A)脫硝作用　(B)硝化作用　(C)固氮作用　(D)以上皆是。

（　）12. 植物性蛋白質或動物性蛋白質（俗稱有機氮）可在土壤微生物作用下逐漸分解成氨氮、亞硝酸氮、硝酸氮等，稱為　(A)脫硝作用　(B)硝化作用　(C)固氮作用　(D)以上皆非。

（　）13. 下列何種作用係於厭氣狀態下進行的？　(A)脫硝作用　(B)硝化作用　(C)生物固氮作用　(D)閃電固氮作用。

（　）14. 植物藉著光合作用將大氣中的何者吸收，並合成多醣、脂肪及蛋白質等有機物供自然界中消費者使用？　(A)腐植素(humins)　(B)二氧化碳　(C)氮氣　(D)氧氣。

（　）15. 下列何者在無氧狀態下會被脫硫弧菌(Desulfavibrio)還原成元素硫或硫化氫？　(A)硫酸根離子　(B)SO_2　(C)SO_3　(D)有機硫。

（　）16. 當土壤受污染物的侵入後，會經由物理作用、生化分解反應以及自然的移轉等方式，對污染物移出或穩定下來，而使土壤回復至原來的狀態。這種作用稱為土壤的　(A)緩衝作用　(B)硝化作用　(C)碳化作用　(D)自淨作用。

（　）17. 在硫循環當中，二氧化碳與硫化氫反應後的產物包括了碳水化合物、水及　(A)硫酸鹽　(B)元素硫　(C)有機硫　(D)硫化氫(E)以上皆非。

（　）18. 最理想之土壤是指？　(A)砂土　(B)壤土　(C)黏土　(D)黏壤土。

（　）19. 50%砂粒、30%坋粒及20%黏粒所構成之土壤稱為　(A)砂質黏土　(B)砂質壤土　(C)黏壤土　(D)壤土。

（　）20. 下列有關土壤的敘述，何者錯誤？　(A)土壤具有自淨能力　(B)土壤具有緩衝能力　(C)土壤可提供營養素　(D)最適合種植農作物的土壤是砂土。

（　）21. 下列何者是受壓地下水層所在的位置？　(A)位於兩透水層間之含水層　(B) 位於兩不透水層間之含水層　(C)位在兩透水層之上　(D) 位在兩非透水層之下。

（　）22. 關於地下水的水質特性，下列何者為「錯誤」？　(A)含鹽量較高　(B)密度較高　(C)溫差較小　(D)易受污染。

（　）23. 下列何者對於一般地下水水質特性之說明是正確的？　(A)地下水含鹽量較低　(B)地下水是地下飽和層的水　(C)地下水的水質最混濁　(D)地下水流動的速度較快。

考 題 解 析

選擇題

1	2	3	4	5	6	7	8	9	10
A	C	D	A	A	D	B	A	B	B
11	12	13	14	15	16	17	18	19	20
D	B	A	B	A	D	B	B	D	D
21	22	23							
B	D	B							

CHAPTER

02

土壤與地下水污染 整治基本認知

2-1 土壤與地下水污染的定義

　　健康的土壤具有良好的物理、化學及生物特性，可過濾地表逕流進入的污染物，稀釋及擴散進入土層的污染物質，具有多種微生物可以分解有機物，產生腐植質並供給植物養分，更可提供動植物生長棲息的空間、保持涵養水分等。當人類的生產活動或開發行為，在土壤的生態體系裡排入物質、生物或能量，而改變土壤的性質，使原有功能被破壞，降低或失去利用價值，稱為土壤污染。

　　地下水污染也是由於人類的開發行為或生產活動產生物質、生物或能量，造成地面以下的水受到污染。

　　地下水污染的原因主要有：生活廢水或農藥過量使用而受污染的水入滲地下、受污染的地表水滲入到地下含水層、或者工業廢水未妥善處理直接向地下灌注、排放等。

　　污染物導致地下水中的有害成分，如：細菌、有機物、酚、鉻、汞、砷等有機或無機污染物的含量增高，破壞原有的地下水功能，使其降低或失去利用價值。依據《土壤及地下水污染整治法》第 2 條，將土壤及地下水污染相關名詞定義如表 2-1 所示。

　　土壤與地下水污染物可概分為有機污染與無機污染物兩大類：有機污染物的特性為可被土壤微生物分解，成為無害的二氧化碳和水等物質；無機污染物因理化性質隨環境改變的特性而不易分解、進入土壤中較難以清理。

表 2-1　土壤及地下水污染相關名詞與定義

法源：《土壤及地下水污染整治法》第 2 條	
用詞	定義
土壤	指陸上生物生長或生活之地殼岩石表面之疏鬆天然介質。
地下水	指流動或停滯於地面以下之水。
污染物	指任何能導致土壤或地下水污染之外來物質、生物或能量。
底泥	指因重力而沉積於地面水體底層之物質。
底泥污染	指底泥因物質、生物或能量之介入，致影響地面水體生態環境與水生食物的正常用途或危害國民健康及生活環境之虞。
土壤污染	指土壤因物質、生物或能量之介入，致變更品質，有影響其正常用途或危害國民健康及生活環境之虞。
地下水污染	指地下水因物質、生物或能量之介入，致變更品質，有影響其正常用途或危害國民健康及生活環境之虞。

 2-2 ## 土壤污染的來源、成分與流布特性

一、土壤污染的來源

　　臺灣地區因廢污水不當排放，導致土壤污染的比例約占 80%；其次為空氣污染物降落造成之土壤污染。土壤污染主要來源如下：

1.　都市／社區污水不當排放。

2.　工業廢水不當排放。如 1980 年代桃園農地因為種出鎘米，震驚全國，也讓農地污染問題浮上檯面。

3.　廢棄物處置不當。如有害事業之廢棄物未妥善清理。

4. 工業製造過程直接或間接污染排放。

5. 空氣污染衍生之土壤污染問題。

6. 農業廢污的棄置，造成農藥及重金屬的污染。

7. 地下儲槽或輸油管洩漏，造成 BTEX（苯、甲苯、乙苯、二甲苯）的污染。

8. 有機溶劑不當處置或排放。

9. 點源空氣污染排放。如大型垃圾焚化爐燃燒產生戴奧辛之流布。

二、土壤污染物的成分

　　常見土壤污染物的成分說明如下：

1. 重金屬類，如鎘、鉛、砷、鉻、汞、鋅、錳、銅、鎳等。

2. 增加土壤水分的導電度水溶性鹽分。

3. 改變土壤 pH 值的酸或鹼類。

4. 造成土壤含過多的植物養分，如氮、磷等。

5. 堵塞土壤孔隙，造成土層缺氧現象，如木質素，硫化鐵等細微顆粒。

6. 使土壤形成厭氧狀態，造成植物根部枯萎的易分解性有機物及還原性化學劑，如鐵、錳、硫化氫等。

7. 對土壤傷害更大的有機氯劑農藥、多氯聯苯等不易分解有機物。

8. 難分解物質，如塑膠、玻璃、金屬塊等。

9. 氯、鋰等特殊離子類及病原菌、濾過性病毒等。

10. 影響土壤微生物的抗生素等。

三、土壤污染的流布特性

　　土壤遭受到污染在污染物的遷移、蓄積、轉換與排出行為上,會有下列的特性:

1.　受污染的土壤從嗅覺及表面顏色上不易察覺,檢測上也不容易。直到農作物生長受到抑制或產量減少等情事發生後,才可能推斷土質受到污染。此外,因地下污染源複雜,不易追查其污染源頭。

2.　進入農作物中的土壤污染物,會影響整個生態的食物鏈,人畜食用後可能會引發各種疾病或中毒。

3.　污染物在土壤中的移動速度緩慢,土壤中的土粒對各類的污染物常具有強烈的吸附能力。污染物進入土壤中產生濃縮累積的作用,尤其是一些重金屬污染物,如鎘、鉛;或是不易被微生物分解的有機物,如多氯聯苯等。

4.　土壤遭受到污染後通常不易復原,尤其是已受鹽化、酸化的污染土壤。需要較長的復育時間。

5.　受污染的土壤會將污染物重新釋出到水或空氣中,形成多次污染。

2-3　土壤污染對生態的影響

一、重金屬的生物濃縮作用

　　工業廢水中所含的砷、鉻、汞、鎳、鉛、鎘等重金屬沉積在土壤中,經由食物鏈進入生物體內,逐漸累積而產生中毒現象的過程。另外,重金屬也會導致土壤中微生物死亡,降低土壤的自淨作用能力。

1. 含砷農藥流進土壤中後，經由食物鏈的生物濃縮進入畜產、野生動物和人體中。

2. 鹽分地若施用過多含氮肥料，將導致重金屬有效性增加，危害作物的生長。

3. 汽車使用含鉛汽油，其排放廢氣於土壤中，造成鉛污染；再經由食物鏈輾轉進入人體。

4. 使用含汞的農業殺蟲劑，進入土壤後為稻米所吸收、累積，最後為人們所食用，造成病變。

二、重金屬對作物的危害

（一）重金屬對作物之影響可分為三種型態

1. 第 I 型元素為植物生長所必需的，除非太過量，否則不會傷害植物，如鐵、鉀等。

2. 第 II 型元素為植物生長所必需的，但供給量必須在適當範圍內，太多或太少均會抑制作物生長，如銅、鋅等。

3. 第 III 型元素為非植物生長所必需。少量不會立即危害，但過多即會引起傷害，如鎘、砷、汞等。

（二）作物對重金屬的吸收度可劃分為二類

1. 第一類為易被作物吸收，在土壤中只是暫時停留，如硼、鎘、鎳、鋅等。

2. 第二類作物對其吸收量極低，但仍有機會累積到相當的程度，如銅、鉛、汞等。

三、土壤的酸化

　　土壤酸化是一種土地退化的現象，因為自然環境和人為因素造成土壤的 pH 值下降、土壤酸性增加的現象，土壤自然酸化（如酸雨）過程較緩慢，而人為造成的酸化速度則相對快速。

（一）土壤酸化的成因

1. 農作物在發育生長過程中，會從土壤中吸收並消耗掉包括鈣、鎂、鉀等離子的大量營養分，農作物收成後，這些離子被大量帶出土壤，若無及時補充或補充不足，會導致土壤酸化。所以施肥不當或有效營養分補充不足，是造成土壤酸化的重要因素之一。

2. 人為澆注或異常且集中的大量降雨、大水，會使土壤中的鈣、鎂、鉀等離子被沖刷而流失，接著土壤中殘留的氫離子和硫酸根等離子結合，導致土壤酸化。所以在農業植栽過程中，不當的過量澆水也是造成土壤酸化的原因之一。

3. 各類在土壤中的氮肥會轉化成硝酸鹽，當硝酸鹽流失時，會將土壤中大量的鈣、鎂等離子帶走，進而導致土壤酸化，所以不當施肥，尤其是過量氮肥的使用，是造成土壤酸化的主因之一。

（二）土壤酸化的危害

1. 酸化土壤會使農作物根系養分吸收變為困難，加大肥料投入量，導致營養鹽過剩，使土壤問題更嚴重。

2. 酸化土壤導致農作物抗病蟲害能力變差、生長減弱，為減少各種病蟲害，增大農藥用量，導致種植成本增加。

3. 酸化土壤會抑制作物根系生長，造成根系發育不良，吸收功能降低，因而導致產量降低。

4. 酸化土壤導致植物營養素效力降低，例如磷的溶解度在酸性時最低，中性時最高。因此，酸性土壤一般多缺乏鈣、磷、鉀等營養素，農作物品質與賣相變差，嚴重影響農民收入。

5. 酸化土壤導致許多種類細菌的循環作用會受到阻礙，例如根瘤菌的固氮作用、有機物的分解、氨化及硝化作用，都在中性土壤環境時最適合。

6. 土壤酸化時，鋁、鐵、錳、磷、銅等元素的溶解度變大，提高有害性重金屬之危害性，導致作物遭受到危害。

四、土壤鹽鹼化

（一）土壤鹽鹼化的成因

適合動植物生長的土壤環境大都在中性條件下，土壤酸化或鹼化將會造成動植物不良的影響。塑膠、石化、紙廠、電鍍、染整、製革、食品、肥料等工廠的廢水，會提升農田的水溶性鹽分、增加導電度。例如若以豬糞尿為肥料，當施肥過量時會導致土壤的 pH 值升高，導電度增高。

此外，在乾濕分明的地區，乾季時或因強烈的蒸發作用，造成水分大量損失，水中所含的鹽分因此聚集在土壤中，濃度越來越高，也會造成土壤鹽鹼化。

1. 當土壤中含有多量的水溶性鹽類，如氯化鈉、硫酸鈉、硫酸鎂等，達到乾土量的 0.2% 時，稱之為鹽土。

2. 如果土壤中含有過量的鹽分或過量交換 Na^+ 及 Mg^{2+}，即所謂的鹼土。鹼土與鹽土都呈現鹼性反應。

（二）鹽鹼土對作物的危害

鹽鹼土對於作物的危害與影響包括：

1. 妨礙作物的滲透作用，改變植物的生理習慣。

2. Na^+及 Mg^{2+}會妨礙植物的新陳代謝。Na^+侵入土壤膠體，成為鈉黏土，會造成土壤結構的破壞。

3. 鹼土 pH 值高於 8 以上時，會導致鐵、錳、銅、鋅等元素沉澱而不易被作物吸收利用，使作物產量降低。

五、土壤有機質的破壞

土壤有機質是土壤固相部分的重要組成，包括已分解之成分，如腐植質及尚未被分解的原有生物體，是植物營養的主要來源之一。能促進植物的生長發育，改良土壤的物理性質，促進微生物和土壤生物的活動，加速土壤營養元素的分解，提高土壤的保肥性和緩衝性的作用。幾乎所有土壤中的生物皆賴土壤有機質以獲得能源和養分。

土壤有機質受污染後的影響說明如下：

1. 高濃度有機廢水（如豬糞尿、食品、酵母製造工廠等廢水）或高濃度的懸浮固體廢水（如鋼鐵、砂石、煤礦廠廢水）會降低土壤對水及空氣的通透性，造成土壤缺氧，使作物生長受阻，根部因缺氧而易枯死，影響作物產量。

2. 使用被污染的水灌溉，會增加土壤中有機質和鉀，使有效性磷降低，pH 值降低，含氮量大增，使稻作徒長、倒伏、結實不佳且多病蟲害。

六、病原菌與毒化物的污染

1. 腸胃道傳染病、寄生蟲病（如蟯蟲、鉤蟲等）、結核病等病原體隨家庭污水、糞便等進入土壤後，生吃蔬果或因耕作或園藝而接觸土壤時，便可能受到感染。

2. 土壤中的污染物經雨水瀝洗或重力傳輸時，會影響到地下水或地面水的水質。

3. 毒性化學物質（如多氯聯苯、戴奧辛）大都來自有害事業廢棄物，這些物質因無適當的處理或回收就排到土壤環境中，危害動植物及人體。

 2-4 地下水污染的來源與案例

因含水層為透水、儲水性能佳的砂質層或砂岩層，地表水經由含水層的補注源進入地層後儲於其中，而成地下水。

一、地下污染的來源

當非含水層的物質滲入含水層後，極有可能造成地下水污染。如農業施肥、噴灑殺蟲劑後殘留的肥料或殺蟲劑隨雨水或灌溉水的入滲現象；石化、電子等工廠的有機油料、溶劑或其它化學物品，因管線破裂、人為疏失、刻意排放等因素也會造成地下水污染。

二、關注的土壤與地下水污染案例

目前我國較為關注的地下水污染案例說明如下：

（一）臺南中石化（臺鹼）安順廠污染案

　　中石化安順廠前身為經濟部國營會下之臺鹼公司，1982 年環保單位於場址附近進行水質、底泥及魚蝦之汞污染調查，發現過去因製造五氯酚產生戴奧辛等副產品，以及當時廠區露天存放五氯酚鈉，經長期雨水沖淋等因素，導致土壤及地下水遭受不同程度「五氯酚」、「戴奧辛」及「汞」污染，居民血液中戴奧辛偏高，使得環境生態及人體健康受損。目前政府仍持續由專案工作小組推動污染整治及健康照護工作

（二）鎘米事件

　　民國 71 年臺灣發生了「鎘米事件」，當時桃園市觀音區大潭里的高銀化工以進口鎘條為原料，生產含鎘和鉛的塑膠安定劑，製程中排出含高濃度含鎘的工業廢水，導致農地受污染而種出含有「鎘」的農作物，當地居民食用了這些受污染的農作物後，鎘累積於腎臟及肝臟，使蛋白質、胺基酸及醣類吸收不良，引發「痛痛病」，造成骨骼、關節變形、全身劇痛及腎功能衰竭等症狀的鎘中毒症狀。此鎘米事件爆發後，彰化縣、臺中市、雲林縣等地區陸續爆發污染事件。自此，農地受污染的問題引起大眾關注。

（三）臺灣美國無線電公司污染案（美商 RCA 事件）

　　民國 83 年，臺灣美國無線電公司(Radio Corporation of America)桃園廠被舉發長期挖井傾倒有機溶劑等有毒廢料污染物，主要污染物為三氯乙烯、四氯乙烯等當時電子業常使用具有揮發性之含氯有機化合物的除脂劑，造成廠區與附近土地之土壤及地下水遭受嚴重污染。經調查發現，地下水的四氯乙烯濃度比飲用水標準超高出近一千倍，三氯乙烯高出近兩百倍，因有致癌性，對環境、人體健康的衝擊相當地大。

2-5 地下水污染特性

　　地下水污染依污染物是否能溶於地下水而分為水相（可溶性）與非水相（非可溶性）兩大類。此兩類污染的物化性質不同，對人體健康的影響及環境的危害程度亦不同。污染物滲漏至地下，都可能改變地下水的品質，造成地下水污染。加油站的儲油槽或管線破裂導致地下水污染就是最常見的污染案例。

一、水相（可溶性）污染物

　　水相污染物通常為無機物，污染源多為工業廢水、廢棄物掩埋場、殘留於土壤中的無機肥料、畜牧養殖廢水、化糞池與衛生下水道洩漏等。可溶性污染物對水的溶解度甚高且易溶於水。一旦滲入含水層接觸到地下水後，會溶於地下水中且形成污染群。

　　污染物濃度的高低與分布、含水層的地質水文狀態、污染源的排放情形和污染物的物化性質等因素會決定污染群的範圍。基本上，污染群會隨地下水流動而傳輸至含水層的不同角落，尤其是地下水流的下游處。若污染源持續排放污染物，則污染群的範圍會隨地下水流動不斷擴大。在擴大過程中，污染物濃度分布隨時間而增高，所以污染整治的必要手段是確認污染源位置並截斷污染物的排放。若污染源已停止釋出污染物後，污染群的範圍仍會隨地下水流動而持續擴大。但在擴大的過程中，未受污染與受污染的地下水的混合，造成稀釋作用，污染群的濃度將逐漸降低。

二、非水相（非可溶性）污染物

　　非水相污染物是以液態存在，一般稱為 NAPL（Non AqueousPhase Liquid/非水相液體），非水相液體因為與水不相溶或僅微溶於水，因此

當進入地下水層後，形成獨立之液相。大多是微溶於水的有機碳氫化合物，形成與水壁壘分明的獨立體。

許多 NAPL 致癌機率相當高；世界衛生組織飲用水標準訂定每公升水中苯及三氯乙烯不得超過 0.005 毫克，對致癌機率更高的氯乙烯則為每公升水中不得超過 0.002 毫克。雖然許多 NAPL 在地下水中的濃度相當低，但仍高於飲用水質標準，因此 NAPL 污染仍是環保與環境職業衛生須面對的重要課題。

非水相液體依比重之特性可分為兩類，密度小於 $1g / cm^3$，比水輕的稱為輕質非水相液體(Light Non-Aqueous Phase Liquid, LNAPL)；密度比水大的稱為重質非水相液體(Dense Non-Aqueous Phase Liquid, DNAPL)。一般工廠廢溶劑不當排放而導致地下水污染，多屬 NAPL。輕質非水相液體和重質非水相液體可以因為重力而垂直向下移動並穿過地表下的土壤，或因為毛細管吸力而橫向移動、傳輸，因此在控制處理上較為困難。

（一）輕質非水相液體(LNAPL)

常見的 LNAPL 污染物包括總石油碳氫化合物(Total Petroleum Hydrocarbon, TPH)；汽油、煤油、柴油等燃油添加劑的甲基第三丁基醚(Methyl Tertiary Butyl Ether, MTBE)與 TMB(1, 2, 4- trimethylbnezene 及 1, 3, 5- trimethylbenzene)。此外，BTEX（**B** = Benzene，苯；**T** = Toluene，甲苯；**E** = Ethyltoluene，乙苯；**X** = Xylene，二甲苯），四種污染物乃常見於石油延伸物的揮發性有機碳氫化合物，通常在石油及天然氣生產場所、加油站、地上儲油槽和地下儲油槽等與汽油和石油工業產品相關的環境。LNAPL 對人體中樞神經系統的危害甚鉅，有時，萘(Naphthalene)也會和 BTEX 一起當做評估 LNAPL 污染環境的指標。常見的 LNAPL 污染物整理如表。

表 2-2　常見的 LNAPL 污染物

簡稱	英文	中文	說明
TPH	Total Petroleum Hydrocarbons	總石油碳氫化合物	總石油碳氫化合物為一化學混合物依其於土壤或水中之反應將相似反應者歸類成一群，共可分作許多石油碳氫化合物群，用來描述原來自原油包含上百種化學複合物。
MTBE	Methyl Tertiary Butyl Ether	甲基第三丁基醚	主要用途是有機溶劑，是一種易燃、無色、氣味難聞的液體。可能的暴露途徑是吸入受污染的空氣、飲用受污染的水、居住在有害廢棄物場所附近。
BTEX	Benzene Toluene Ethyltoluene Xylene	苯 甲苯 乙苯 二甲苯	是原油和石油產品，這些化合物在低濃度下即可引發人類致癌。積累在土壤中的 BTEX 易混入地下水造成污染，來源包括汽車，工業設施，各種溶劑，汽油的運輸和儲存活動以及原油運輸過程中的洩漏。
NAP	Naphthalene	萘	萘會由石油燃料所發散，交通引擎燃料與香菸等之不完全燃燒中皆易產生。此外，工作場所使用的樹脂、塑膠製品、藥學製品和一般家庭所使用的昆蟲驅蟲劑、萘丸（樟腦丸）也會產生。

（二）重質非水相液體(DNAPL)

　　常見的 DNAPL 如氯乙烯 (Vinyl Chloride, VC)、二氯乙烯 (Dichloroethene, DCE)、三氯乙烯（Trichloroethane, TCE）、四氯乙烯 (Tetrachloroethylene, PCE)、二氯甲烷 (Methylene chloride)、氯仿 (Chloroform)、酚(Phenol)、氯丹等農藥及多環芳香碳氫化合物(PAHs)等含氯有機溶劑。因為含氯有機溶劑為良好的除脂物，所以 DNAPL 污染通常

發生於大量使用含氯有機溶劑的工廠，如電子工廠、化學工廠、殺蟲劑製造廠、煉焦碳廠等地。常見 LNAPL 及 DNAPL 之比較如表 2-3 所示。

表 2-3　LNAPL 及 DNAPL 之比較

分類	LNAPL (light non-aqueous phase liquid)	DNAPL (dense non-aqueous phase liquid)
污染主要來源	石油煉製、加油站、儲油槽等	使用含氯有機溶劑（除脂劑）工廠的廢液之不當排放
常見種類	TPH（總石油碳氫化合物） BTEX（苯、甲苯、乙苯、二甲苯） MTBE（甲基第三丁基醚）等	VC（氯乙烯） TCE（三氯乙烯） PCE（四氯乙稀）等含氯有機溶劑
傳輸特性	LNAPL 進入不飽和含水層後，有一部分會溶解於孔隙中的地下水，有一部分會揮發，且在其它孔隙空間中與空氣混合，一些則由土壤粒子吸收，當 LNAPL 到達地下水位時，因溶解度差而形成一層污染物，漂浮在飽和層上端。	DNAPL 也會在不飽和層中沉降、溶解、吸收及揮發，但到達地下水位時會持續沉降，一直沉降到可滲透性物質為止，形成一個池（pool）。此外，DNAPL 可溢出且滲入到下一個不透水層。因溶解度極低，故大都只能用抽除地下水的方式來移除 DNAPL。

2-6　土壤及地下水監測、管制與污染場址判定

一、監測標準與管制標準

依據《土壤及地下水整治法》（以下簡稱《土污法》）第 6 條第 1 款，各級主管機關應定期檢測轄區土壤及地下水品質狀況，其污染物濃

度低於土壤或地下水污染管制標準而達土壤或地下水污染監測標準者，應定期監測，監測結果應公告，並報請中央主管機關備查。其污染物濃度達土壤或地下水污染管制標準者，應採取適當措施，追查污染責任，並應陳報中央主管機關。

依土壤及地下水污染整治法監測及管制項目，可將土壤及地下水污染物分為無機的重金屬與有機的農藥等，使民眾明瞭以預防為目的監測標準、以防止惡化的管制標準、以達整治目的之整治目標其間的意義及管制項目，以作為擬定後續管理策略之依據。土壤及地下水各項標準之意義及管制項目如表 2-4 所示。

表 2-4　土壤及地下水各項標準之意義及管制項目

土壤／地下水污染	土壤 監測與管制標準項目	地下水 監測與管制標準項目
整治目標	法源：《土壤及地下水污染整治法》第二條	
	基於土壤污染整治目的，所訂定之污染物限度	基於地下水污染整治目的，所訂定之污染物限度
管制項目	法源：〈土壤污染管制標準〉 管制項目與監測標準相較，增加 2、3、4 項，包括 1. 八種重金屬 　（項目與〈土壤污染監測標準〉相同） 2. 有機化合物：如 BETX、TPH 等 3. 農藥：如有機磷類 4. 其它有機化合物：如戴奧辛、多氯聯苯等	法源：〈地下水污染管制標準〉 1. 單環芳香族碳氫化合物(BTEX) 2. 多環芳香族碳氫化合（萘） 3. 氯化碳氫化合物：TCE、PCE 等 4. 農藥 5. 重金屬：除土壤的八種重金屬外，再加銦(In)、鉬(Mo)等共 10 項。 6. 一般項目： 硝酸鹽氮、亞硝酸鹽氮、氟鹽 7. 其它： (1) 甲基第三丁基醚(MTBE) (2) 總石油碳氫化合物(TPH) (3) 氰化物(CN⁻)

表 2-4　土壤及地下水各項標準之意義及管制項目（續）

土壤／地下水污染	土壤 監測與管制標準項目	地下水 監測與管制標準項目
監測項目	法源：〈土壤污染監測標準〉 基於土壤污染預防目的所訂定需進行土壤污染物實施污染物濃度監測，包括八種重金屬，鎘(Cd)、鋅(Zn)、汞(Hg)、銅(Cu)、鉛(Pb)、砷(As)、鉻(Cr)、鎳(Ni)等。	法源：〈地下水污染監測標準〉 基於地下水污染預防目的所訂定需進行地下水污染物實施污染物濃度監測，包括鐵(Fe)、錳(Mn)、總硬度（以 $CaCO_3$ 計）、總溶解固體物、氯鹽、氨氮、硫酸鹽、總有機碳、總酚等。

二、污染場址判定與法律相關人

（一）污染場址判定、法源與處置說明如表 2-5 與圖 2-1 所示

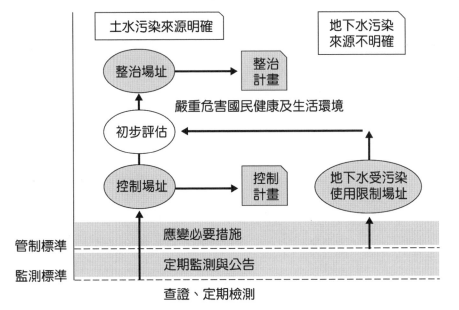

圖 2-1　污染場址之判定流程

表 2-5　污染場址判定、法源與處置說明

污染處置		法源與說明
查證與定期檢測	《土污法》第 12 條	各級主管機關對於有土壤或地下水污染之虞之場址，應即進行查證，並依相關環境保護法規管制污染源及調查環境污染情形。
定期監測與公告	《土污法》第 6 條	各級主管機關對於土壤或地下水污染污染物濃度低於土壤或地下水污染管制標準而達土壤或地下水污染監測標準者，應定期監測，監測結果應公告，並報請中央主管機關備查。
採取措施與追查責任	《土污法》第 6 條	各級主管機關應定期檢測轄區土壤及地下水品質狀況，其污染物濃度達土壤或地下水污染管制標準者，應採取適當措施，追查污染責任。
控制場址定義	《土污法》第 2 條	指土壤污染或地下水污染來源明確之場址，其污染物非自然環境存在經沖刷、流布、沉積、引灌，致該污染物達土壤或地下水污染管制標準者。
整治場址定義	《土污法》第 2 條	指污染控制場址經初步評估，有嚴重危害國民健康及生活環境之虞，而經中央主管機關審核公告者。
污染管制區定義	《土污法》第 2 條	指視污染控制場址或污染整治場址之土壤、地下水污染範圍或情況所劃定之區域。
控制場址公告	《土污法》第 12 條	土壤污染或地下水污染來源明確，其土壤或地下水污染物濃度達土壤或地下水污染管制標準者，各級主管機關應公告為土壤、地下水污染控制場址（簡稱控制場址）。
整治場址公告	《土污法》第 12 條	控制場址經初步評估後，有危害國民健康及生活環境之虞時，所在地主管機關應報請中央主管機關審核後公告為土壤、地下水污染整治場址（簡稱整治場址）。

表 2-5　污染場址判定、法源與處置說明（續）

污染處置	法源與說明	
地下水限制使用場址	《土污法》第 27 條	地下水污染濃度達超過管制標準，且污染來源不明者，所在地主管機關應公告劃定地下水受污染使用限制場址，並採取應變必要措施。
準用地下水整治場址	《土污法》第 27 條	地下水污染濃度達超過管制標準，且污染來源不明者，經主管機關初步評估後，有嚴重危害國民健康及生活環境之虞時，準用整治場址。

（二）《土污法》中法律相關人

《土污法》中法律相關人整理如表 2-6 所示：

表 2-6　《土污法》中法律相關人

法律相關人《土污法》第 2 條	
污染行為人	因下列行為造成土壤或地下水污染之人： · 洩漏或棄置污染物 · 非法排放或灌注污染物 · 仲介或容許洩漏、棄置、非法排放或灌注污染物 · 未依法令規定清理污染物
潛在污染責任人	因下列行為，致污染物累積於土壤或地下水，而造成土壤或地下水污染之人： · 排放、灌注、滲透污染物 · 核准或同意於灌排系統及灌區集水區域內排放廢污水
污染土地關係人	依《土污法》第 2 條 指土地經公告為污染控制場址或污染整治場址時非屬於污染行為人之土地使用人、管理人或所有人。 例如： · 地主（土地所有人） · 土地承租人 · 土地出租人

考題練習

選擇題

( )1. 過去由於土壤污染問題較不易察覺，因此一直被忽略，然而事實上土壤遭受污染後可能導致相當嚴重之後果，例如：（甲）農作物重金屬含量增加、（乙）污染地下水、（丙）使空氣污染更嚴重、（丁）使可耕地面積大減、（戊）土壤侵蝕加劇。正確的有幾項？ (A)一項 (B)二項 (C)三項 (D)四項 (E)五項。

( )2. 造成土壤污染的原因有：（甲）酸雨頻率高、（乙）地形坡度陡、（丙）任意傾倒固體廢棄物、（丁）大量使用化學肥料、（戊）年雨量變率大。正確的是 (A)甲乙丙 (B)乙丙丁 (C)丙丁戊 (D)甲丙丁 (E)乙丁戊。

( )3. 高速公路旁土壤含鉛量高，主要污染來源是 (A)廢水的排放 (B)工廠黑煙的污染 (C)汽車廢氣的排放 (D)農漁牧業的不當利用 (E)有害廢棄物處置不當。

( )4. 影響土壤鹽化的原因很多，包括：乾濕季分明，地處低窪，海水倒灌等。請問臺灣哪一沿海地區因受上述三個因素影響，而使其土壤鹽化情形最為嚴重？ (A)宜蘭平原 (B)臺北盆地 (C)花東縱谷 (D)臺中盆地 (E)高屏沿海平原。

( )5. 臺灣由於工廠發展迅速而造成嚴重的農業資源公害問題，其中工業發展的哪一特色對農田資源的傷害最大？ (A)空氣污染 (B)廢水污染 (C)可耕地的減少 (D)農業人口的減少 (E)生態平衡的破壞。

（　）6. 幾年前在桃園地區曾經爆發非常嚴重的鎘米污染事件，而在去年又在彰化一帶發現鎘米重現江湖，像這一類的污染事件與下列何者關係最密切？　(A)人類排放大量氟氯碳化物　(B)大氣中二氧化碳含量大增　(C)工廠排放未經處理之廢水　(D)不肖業者隨意棄置廢棄物　(E)臭氧層破洞不斷擴大。

（　）7. 土壤污染的來源為　(A)水污染　(B)酸雨　(C)廢棄物污染及農業污染　(D)以上皆是。

（　）8. 土壤污染來源不包括下列何者？　(A)農藥及化學肥料　(B)家庭及工業廢水　(C)廢棄物　(D)臭氧及氟氯碳化物。

（　）9. 我國管制及整治土壤污染之法源依據為　(A)《土壤污染防治法》　(B)〈土壤污染管制標準〉　(C)《土壤及地下水污染整治法》　(D)〈土壤及地下水污染施行細則〉。

（　）10. 當土壤受污染物的侵入後，會經由物理作用、生化分解反應以及自然的移轉等方式，對污染物移出或穩定下來，而使土壤回復至原來的狀態，這種作用稱為土壤的？　(A)緩衝作用　(B)硝化作用　(C)碳化作用　(D)自淨能力。

（　）11. 土壤的主要污染物不包括下列何者？　(A)重金屬、農藥　(B)有機污染物　(C)鐵錳化合物　(D)酸鹼化合物與鹽分。

（　）12. 下列何者不是臺灣地區農田常見的重金屬污染？　(A)鉻、鎘　(B)鉛、汞　(C)鐵、錳　(D)銅、鋅。

（　）13. 何種污染物進入土壤中會有形成生物濃縮累積的作用？　(A)重金屬　(B)有機糞尿　(C)酸鹼化合物　(D)鹽分。

（　）14. 有關土壤污染之特性描述何者有誤？　(A)土壤遭受污染後往往須歷時多年才能回復　(B)土壤遭受污染後很容易被人們發

現 (C)污染物在土壤中的移動非常緩慢 (D)受污染的土壤亦會引發水污染及空氣污染。

( ) 15. 臺灣地區因何者導致之土壤污染占最大量？ (A)廢污水 (B)空氣污染物降落 (C)有害廢棄物 (D)農藥及肥料。

( ) 16. 民國七十一年（1982 年）桃園縣觀音鄉大潭村之高銀化工廠，沒有做好污水處理工作，產生的廢水就近排入灌溉渠道中，以致附近農田受到廢水中何種重金屬的污染，揭開了我國稻米污染事件的序幕？ (A)鎘 (B)鉛 (C)汞 (D)銀。

( ) 17. 下列何種污染物進入土壤，一兩天內土壤氧氣就被消耗殆盡，植物根部將因缺氧而容易枯死？ (A)重金屬 (B)鹽分 (C)有機糞尿 (D)肥料與農藥。

( ) 18. 下列何者不是造成土壤酸化的原因？ (A)重金屬 (B)化學肥料使用過多(C)酸雨 (D)水溶性鹽分。

( ) 19. 土壤中的微生物可將何種重金屬轉化為毒性更強的金屬有機化合物？ (A)鎘 (B)鉛 (C)汞 (D)砷。

( ) 20. 下列何者為我國過去重金屬土壤污染較嚴重之地區？ (A)彰化 (B)屏東 (C)臺南 (D)新竹。

( ) 21. 關於《土壤及地下水污染整治法》，下列名詞之定義何者錯誤？ (A)土壤指陸上生物生長或生活之地殼岩石表面之疏鬆天然介質 (B)地下水：指流動或停滯於地面以下之水 (C)底泥：指因物質、生物或能量之介入，致影響地面水體生物與水生食物的正常用途或危害民健康之物質 (D)污染物：指任何能導致土壤或地下水污染之外物質、生物、能量。

（專責人員測驗題庫）

（　）22. 民國 59 年設立的臺灣美國無線電公司(RCA)，發生地下水嚴重污染事件，下列何者為該場址主要污染物之一？　(A)苯　(B)戴奧辛　(C)四氯乙烯　(D)多氯聯苯。

（專責人員測驗題庫）

（　）23. 臺灣發生的美國無線電(Radio Company of America/RCA)污染事件，主要肇因於土壤及水源受到污染，人體經由各種途徑接觸或攝入污染物容易罹癌，該污染源主要為何？　(A)重金屬污染　(B)塑化劑污染　(C)放射性污染　(D)含氯有機化合物污染。　（專責人員測驗題庫）

（　）24. 臺南市中石化安順廠污染事件中，造成土壤污染的是下列哪一項物質？　(A)鎘　(B)汞　(C)砷　(D)鉛。

（　）25. DNAPL 係指下列何種化學物質？　(A)非水相之液體　(B)非水相且比水輕之液體　(C)非水相且比水重之液體　(D)受放射線污染之液體。

（　）26. 對於因 LNAPL(light non aqueous phase liquid)所造成之地下水污染，下列敘述何者正確？　(A)污染物之揮發性低　(B)不會有自由相(free phase)之存在　(C)污染物將下沉於水面下，致不易找出污染團之正確位置　(D)隨著地下水擴散迅速，應盡速加以處理。

（　）27. 甲基第三丁基醚(MTBE)為油品中常用之添加物，當地下油管破裂時，為避免 MTBE 迅速擴散，應優先針對下列何種環境介質加以處理？　(A)空氣　(B)地下水　(C)土壤。

（　）28. 基於土壤（地下水）污染預防目的，而訂定之標準是為　(A)整治標準　(B)管制標準　(C)監測標準　(D)整治基準。

( )29. 若造成污染的來源明確，且其污染物達「土壤或地下水污染管制標準」之場址稱為　(A)污染控制場址　(B)污染管制場址 (C)污染整治場址　(D)污染監測場址。

( )30. 非法排放或灌注污染物稱為？　(A)污染行為人　(B)潛在污染責任人　(C)土壤污染關係人　(D)以上皆是。

( )31. 地下水達管制標準，但污染來源不明確者應列為　(A)整治場址　(B)控制場址　(C)受污染限制使用之場址　(D)以上皆是。

( )32. 《土壤及地下水污染整治法》所稱污染行為人，係指因有下列行為之一而造成土壤及地下水污染之人，而下列何者非屬之？ (A)仲介或容許洩漏、棄置、非法排放或灌注污染物　(B)未依法令規定清理污染物　(C)排放、灌注、滲透污染物　(D)洩漏或棄置污染物。　　　　　　　　　　　（中油新進工員甄試試題）

( )33. 下列何者為土壤污染場址整治時應考慮之因素？　(A)地下水位高低　(B)土壤性質　(C)整治經費　(D)以上皆是。

（專責人員題庫）

( )34. 整治場址之污染行為人或潛在污染責任人，應於直轄市、縣（市）主管機關通知後多少個月內提出土壤、地下水污染調查及評估計畫？　(A)六個月　(B)五個月　(C)四個月　(D)三個月。

( )35. 依《土壤及地下水污染整治法》規定，故意污染土壤或地下水，以致成為污染控制場址或整治場址者，罰則為何？　(A)處一年以上五年以下有期徒刑　(B)處三年以上十年以下有期徒刑　(C)處七年以上十年以下有期徒刑　(D)處無期徒刑或七年以上有期徒刑。

（　）36. 《土壤及地下水污染整治法》第 21 條前段規定：「直轄市、縣
　　　　（市）主管機關對於整治場址之土地，應囑託土地所在地登記
　　　　機關辦理禁止處分之登記。」請問該土地登記之性質屬於下列
　　　　何者？　(A)土地標示變更登記　(B)土地權利變更登記　(C)
　　　　更正登記　(D)限制登記。　　　　　　　　　（專責人員測驗題庫）

問答題

一、請詳述土壤及地下水管制標準、監測標準、污染控制場址及污染整
　　治場址之關係。　　　　　　　　　　　　　　　　（高考環保行政）

二、解釋輕質非水相液體(LNAPL)及重質非水相液體(DNAPL)，並各舉
　　出污染場址常見的一類代表性污染物，說明污染物自地面洩漏
　　時，在土壤及地下水中之移動情形。　　　　　　　　（地方特考）

三、圖為某一有機物污染場址污染狀況示意圖，考量臺灣常見污染物來
　　源及類型，某工程師推測儲槽中非常有可能是油品類污染，請說
　　明為何該工程師認為不是含氯碳氫化合物污染？　　　（地方特考）

四、（一）請舉出《土壤及地下水污染整治法》中，潛在污染責任人
　　　　　因有何種行為，致污染物累積於土壤或地下水而造成土壤
　　　　　或地下水污染？

　　（二）依《土壤及地下水污染整治法》第 6 條規定，請說明那些
　　　　　區域之目的事業主管機關，應視區內污染潛勢、定期檢測
　　　　　土壤及地下水品質狀況，作成資料送直轄市、縣（市）主
　　　　　管機關備查。　　　　　　　　　　　（地方公務人員三等考試）

五、試說明《土壤及地下水污染整治法》所稱之「污染行為人」與
　　「潛在污染責任人」之差異？　　　　　　（地方公務人員三等考試）

六、 我國《土壤及地下水污染整治法》(以下簡稱《土污法》)第二章
　　 為防治措施,蓋防治之意義乃為預防與治理,請就此預防與治理
　　 目的論述,另分析與論述第二章內容可以增加或應該加強之項
　　 目,以臻土壤與地下水污染防治最高目標。　　　(高考環保行政)

七、 今有一受三氯乙烯(trichloroethene, TCE)污染之場址:

　　(一)試說明可能使用三氯乙烯之工業及其用途。

　　(二)污染源下游地下水中可能測出之含氯污染物種類有哪些?

　　(三)前述污染物出現之原因?

　　(四)前述污染物 ,在地下水中通常以何種污染物最難達法規標
　　　　 準,原因為何?　　　　　　　　　　　　(高考環保行政)

八、 地下水污染之實際狀況並非單純地由污染物與水均勻混合而成,
　　 許多地下水中的污染物是與水不互溶的,稱為非水溶相液體
　　 (nonaqueous phase liquids/ NAPL),請解釋此種液體的特徵,及其
　　 特性是否會影響到整治效果?　　　　　　　(環保技術地方特考)

考 題 解 析

選擇題

1	2	3	4	5	6	7	8	9	10
D	D	C	E	B	C	D	D	C	D
11	12	13	14	15	16	17	18	19	20
C	C	A	B	A	A	C	A	C	A
21	22	23	24	25	26	27	28	29	30
C	C	D	B	C	D	B	C	A	A
31	32	33	34	35	36				
C	C	D	D	A	D				

1. 土壤污染與土壤侵蝕無相關。

問答題

一、 請詳述土壤及地下水管制標準、監測標準、污染控制場址及污染整
　　 治場址之關係。（高考環保行政）

解答

（一）土壤污染或地下水污染來源明確，其土壤或地下水污染物濃度達土
　　　壤或地下水污染管制標準者，各級主管機關應公告為土壤、地下水
　　　污染控制場址（簡稱控制場址）。

（二）控制場址經初步評估後，有危害國民健康及生活環境之虞時，所在
　　　地主管機關應報請中央主管機關審核後公告為土壤、地下水污染整
　　　治場址（簡稱整治場址）。

（三）地下水限制使用場址：地下水污染濃度達超過管制標準，且污染來
　　　源不明者，所在地主管機關應公告劃定地下水受污染使用限制場
　　　址，並採取應變必要措施。

（四）地下水準用整治場址：地下水污染濃度達超過管制標準，且污染來源不明者，經主管機關初步評估後，有嚴重危害國民健康及生活環境之虞時，準用整治場址。

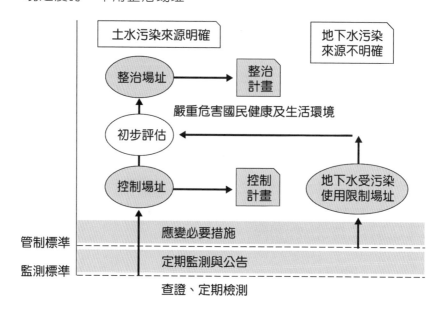

*類題*依據《土壤及地下水污染整治法》，繪圖並說明污染場址之判定流程。（高考環保行政）

二、解釋輕質非水相液體(LNAPL)及重質非水相液體(DNAPL)，並各舉出污染場址常見的一類代表性污染物，說明污染物自地面洩漏時，在土壤及地下水中之移動情形。

（地方特考）

解答

分類	LNAPL	DNAPL
常見種類	TPH（總石油碳氫化合物） BTEX（苯、甲苯、乙苯、二甲苯） MTBE（甲基第三丁基醚）	VC（氯乙烯） TCE（三氯乙烯） PCE（四氯乙稀）

分類	LNAPL	DNAPL
傳輸特性	LNAPL 進入不飽和含水層後，有一部分會溶解於孔隙中的地下水，有一部分會揮發，且在其它孔隙空間中與空氣混合，一些則由土壤粒子吸收，當 LNAPL 到達地下水位時，因溶解度差而形成一層污染物，漂浮在飽和層上端。	DNAPL 也會在不飽和層中沉降、溶解，吸收及揮發，但到達地下水位時會持續沉降，一直沉降到可滲透性物質為止形成一個池(pool)，此外，DNAPL 可溢出且滲入到下一個不透水層。因溶解度極低，故大都只能用抽除地下水的方式來移除 DNAPL。

三、 圖為某一有機物污染場址污染狀況示意圖，考量臺灣常見污染物來源及類型，某工程師推測儲槽中非常有可能是油品類污染，請說明為何該工程師認為不是含氯碳氫化合物污染？　（地方特考）

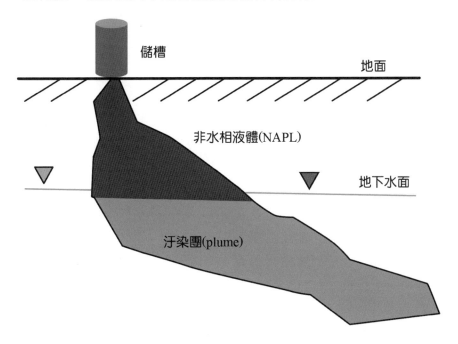

解答

（一）含氯碳氫化合物屬於重質非水相液體(DNAPL)。

（二）DNAPL 因比重比水大，會穿過不飽和層及地下水面，直到聚積於含水層底部或下滲至低滲透性地質（如黏土層）。

（三）示意圖中的污染物傳輸方式較不像 DNAPL，所以該工程師認為不是含氯碳氫化合物污染，而有可能是油品類污染的 LNAPL。

四、（一）請舉出《土壤及地下水污染整治法》中，潛在污染責任人因有何種行為，致污染物累積於土壤或地下水而造成土壤或地下水污染？

（二）依《土壤及地下水污染整治法》第 6 條規定，請說明那些區域之目的事業主管機關，應視區內污染潛勢、定期檢測土壤及地下水品質狀況，作成資料送直轄市、縣（市）主管機關備查。　　　　　　　　　　（地方公務人員三等考試）

解答

（一）依據《土壤及地下水污染整治法》第 2 條

潛在污染責任 人：指因下列行為，致污染物累積於土壤或地下水，而造成土壤或地下水污染之人：

1. 排放、灌注、滲透污染物。

2. 核准或同意於灌排系統及灌區集水區域內排放廢污水。

（二）依據《土壤及地下水污染整治法》第 6 條

下列區域之目的事業主管機關，應視區內污染潛勢，定期檢測土壤及地下水品質狀況，作成資料送直轄市、縣（市）主管機關備查：

1. 工業區。

2. 加工出口區。

3. 科學工業園區。

4. 環保科技園區。

5. 農業科技園區。

6. 其它經中央主管機關公告之特定區域。

五、 試說明《土壤及地下水污染整治法》所稱之「污染行為人」與「潛在污染責任人」之差異？　　　　　　（地方公務人員三等考試）

解答

（一）依據《土壤及地下水污染整治法》第 2 條

污染行為人：指因有下列行為之一而造成土壤或地下水污染之人：

1. 洩漏或棄置污染物。

2. 非法排放或灌注污染物。

3. 仲介或容許洩漏、棄置、非法排放或灌注污染物。

4. 未依法令規定清理污染物。

（二）依據《土壤及地下水污染整治法》第 2 條

潛在污染責任人：指因下列行為，致污染物累積於土壤或地下水，而造成土壤或地下水污染之人：

1. 排放、灌注、滲透污染物。

2. 核准或同意於灌排系統及灌區集水域內排放廢污水。

兩者差異：

污染行為人為直接污染之始作者，屬於污染之最終責任主體；而潛在污染責任人因具有向污染行為人求償之權利，故責任較輕。

六、 我國《土壤及地下水污染整治法》（以下簡稱《土污法》）第二章為防治措施，蓋防治之意義乃為預防與治理，請就此預防與治理目的論述，另分析與論述第二章內容可以增加或應該加強之項目，以臻土壤與地下水污染防治最高目標。

　　　　　　（高考環保行政）

解答

（一）法規設計理念

定期監測土壤及地下水品質狀況，著重污染整治為主的立法，避免與水污染防治法、廢棄物清理法等法規執行重疊或有競合之問題。

（二）訂定內容：

1. 強化土地品質管制，土地移轉、工廠設立、停歇業前均需土壤檢測資料。

2. 嚴格污染責任認定，加強污染土地關係人責任。

3. 土壤及地下水品質狀況的檢測責任。

4. 污染查證、採取必要措施及期限。

5. 污染場址管制彈性化，整治資訊公開化。

6. 土壤、地下水及底泥污染檢測機構、方法及技師簽證等。

（三）可增加或將強之項目

法條		防治措施架構
第二章	第 6 條	工業區等區內土壤及地下水品質狀況之檢測責任
	第 7 條	土壤或地下水污染查證及採取必要措施
	第 8 條	土地移轉之限制
	第 9 條	指定公告事業設立、停歇業之限制
	第 10 條	土壤及地下水污染許可檢測機構
	第 11 條	技師簽證

《土污法》第二章明訂污染檢測、查證、簽證與土地使用之規範，目前在綠色及永續環境之框架下，綠色防治不失為可增加或將強之項目，對於污染潛勢區加入綠色防治原則與規範，提供污染場址在調查與整治工作的規劃上，採用最佳可行技術，以達到節水、改善水質、有效管理及減少毒化物和廢棄物、增加能源使用效率及降低空氣污染物和溫室氣體排放之目的。

七、 今有一受三氯乙烯(trichloroethene, TCE)污染之場址：

（一） 試說明可能使用三氯乙烯之工業及其用途。

（二） 污染源下游地下水中可能測出之含氯污染物種類有哪些？

（三） 前述污染物出現之原因？

（四） 前述污染物，在地下水中通常以何種污染物最難達法規標準，原因為何？　　　　　　　　　　　　（高考環保行政）

解答

（一） 三氯乙烯主要用作為溶劑，

1. 清除金屬零件上的潤滑油脂。

2. 用於冷媒等化學品的製造。

3. 羊毛與織物的乾洗劑。

（二） 氯化烴類的有機溶劑，例如：氯乙烯、1,1-二氯乙烯、1,1-二氯乙烷、順-1.2 二氯乙烯、1,1,1-三氯乙烷、三氯乙烯、四氯乙烯等。

（三） 來自於工業污染源或未妥善清理的廢棄物。

（四） 氯化烴類的有機溶劑大都為比重比水重的重質非水相液體(DNAPL)，因 DNAPL 不溶於地下水，且會穿透下水位面進入飽和層並繼續向下陷，連續相的 DNAPL 會沉陷直到無法穿透的岩層或細質地土層，才會停滯堆積在底層，在無法得知地下岩層分布情形的情況下，污染物的分布情形難以掌握較難達到法規標準。

八、 地下水污染之實際狀況並非單純地由污染物與水均勻混合而成，許多地下水中的污染物是與水不互溶的，稱為非水溶相液體(nonaqueous phase liquids/ NAPL)，請解釋此種液體的特徵，及其特性是否會影響到整治效果？　　　　　　　　（環保技術地方特考）

解答

（一）非水相液體因為與水不相溶解或僅微溶於水，當進入地下水層，形成獨立之液相，依比重之特性可分為兩類，密度小於 1g/cm^3 比水輕的稱為輕質非水相液體(LNAPL)及密度比水大的稱為重質非水相液體(DNAPL)。

（二）LANPL 污染物包括總石油碳氫化合物(TPH)、汽油添加劑－甲基第三丁基醚 (MTBE)苯、甲苯、乙苯、二甲苯(BTEX)與柴油、潤滑油等油品，一般地下儲油槽發生油槽或管線洩漏者，多屬此類污染物。

（三）DNAPL 污染物則包含四氯乙烯(PCE)、三氯乙烷(TCA)、二氯乙烯(DCE)、氯乙烯(VC)、二氯甲烷(methylene chloride)、氯仿(chloroform)及酚(phenol)等，一般工廠廢有機溶劑不當排放而導致地下水污染者，多屬此類污染物。輕質非水相液體和重質非水相液體可以因為重力而垂直向下移動並穿過地表下的土壤或因為毛細管吸力而橫向移動、傳輸，在控制處理上較為困難。

CHAPTER

03

污染評估調查檢測 與污染流布

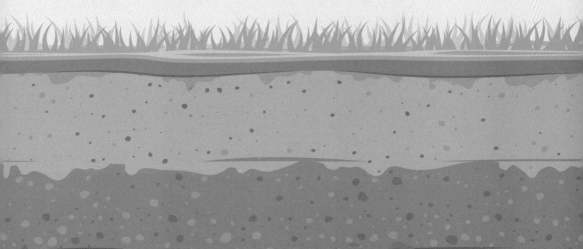

3-1 污染評估調查與檢測

為督促事業負責人、土地所有人、使用人與管理人均能重視事業用地土壤品質現況，督促事業重視用地污染問題，釐清污染整治責任以即早發現污染並儘快改善整治，以確保於土地移轉時，保障交易雙方權益，《土污法》對於土地移轉與事業設立、變更、歇業時分別於《土污法》第 8 條、第 9 條有所規範，說明如表 3-1 所示。

表 3-1 土壤污染評估調查及檢測資料引用法源

	《土污法》第 8 條	《土污法》第 9 條
行為規範	土地移轉	事業設立、變更、歇業
目的	主動提示具高污染潛勢之事業，使土地移轉雙方瞭解於土地移轉過程中，應確認土壤品質狀況，避免可能之土地交易糾紛。	督促事業負責人、土地所有人、使用人與管理人均能重視事業用地土壤品質之狀況。
主要條文內容說明	中央主管機關公告之事業所使用之土地移轉時，讓與人應提供**土壤污染評估調查及檢測資料**，並報請直轄市、縣（市）主管機關備查。	中央主管機關公告之事業有如下之行為： 1. 依法辦理事業設立許可、登記、申請營業執照。 2. 變更經營者。 3. 變更產業類別。 4. 變更營業用地範圍。 5. 辦理歇業或關廠等。 應於行為前檢具用地之**土壤污染評估調查及檢測資料**，報請直轄市、縣（市）主管機關或中央主管機關委託之機關審查。

3-2 **污染評估調查方法與執行程序**

依《土污法》第 9 條訂定之〈土壤污染評估調查及檢測作業管理辦法〉的第 4 條中指出：報請審查之土壤污染評估調查及檢測資料，其規劃應由評估調查人員執行，其規劃程序依場址環境評估法及網格法辦理，兩種評估調查方法執行程序差異如圖 3-1 所示。此外，於第 5 條中規定：執行評估調查程序中，對應事業用地面積所需最低的採樣點數，如表 3-2 所示。

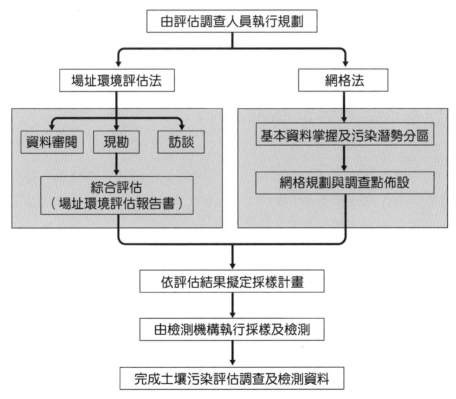

圖 3-1　《場址環境評估法》及網格法評估調查執行程序

表 3-2　**事業用地面積對應所需最少採樣點數**

事業用地面積(A)（平方公尺）	最少採樣點數(N)
A ＜ 100	N=2
100≦ A ＜500	N=3
500≦ A ＜1,000	N=4
1,000≦ A ＜10,000	N=10
A ≧10,000	$N = \dfrac{10 + (A - 10,000)}{2,500}$ 無條件捨去法取整數

註 1 若同一事業之用地呈不連續分布，則各用地應分別符合最少採樣點數規定。

註 2 事業用地面積 A≧10,000 者，每增加 2,500 平方公尺，最少採樣點數應增加一點。

3-3　污染流布特性

　　經污染評估調查及檢測作業，在了解污染物種類、來源後，需後續探討污染物在環境中之流布與污染物環境之影響因素，以作為後續處理技術之分析選用。

一、生物濃縮因子

　　生物濃縮因子(Bioconcentration Factor, BCF)：在穩定狀態下，生物體內的化學物質濃度與該物質在環境中濃度的比值；亦即環境中的化學物質濃度經生物濃縮後，在生物體內被放大的倍數，用以描述化學物質在有機體內累積濃度之現象。

$$BCF = \frac{C_{org}}{C_{envi}}$$

$$C_{org} = 有機體內化學物質之濃度(mg/kg 或 ppm)$$

$$C_{envi} = 環境中化學物質之濃度(mg/kg 或 ppm)$$

二、分配係數

分配係數(Partition Coefficients)用以描述不同污染物在介質中分布之情形。污染整治上指污染物在互不相溶的兩相介質中，達到平衡時的濃度比稱為分配係數，常使用者包括：

（一）辛醇／水分配係數

辛醇／水分配係數(Octanol/Water Partition Coefficient；Kow)用以描述有機污染物溶解在辛醇和水之比率。代表污染物在環境中親水性或疏水性的取向，與污染物在環境中的流布有關。較水溶性的成分易分配在水中，較脂溶性者反之，Kow 值越大表示脂溶性高而水溶性低。

$$K_{ow} = \frac{C_{C_8H_{18}O}}{C_{H_2O}}$$

$$C_{C_8H_{18}O} = 污染物在辛醇中之濃度 \ (mg/L 或 ug/L)$$

$$C_{H_2O} = 污染物在水中之濃度 (mg/L 或 ug/L)$$

註：Kow 值亦表示水中生物吸收有機污染物之能力，一般在 $10^{-3} \sim 10^7$。

1. 若 Kow 較低(< 10)，表示有機污染物傾向與水化合，因此有較低之土壤吸附力及較低的生物濃縮因子(BCF)。

2. 若 Kow 較高，表示有機污染物具有親油性，在水中溶解度較低，但在非極性溶劑中有較高之溶解度。

例題　如圖所示：在 25℃標準大氣壓下，苯的正辛醇－水分配係數為
10^{2.17}，請問達到分配平衡後，苯在正辛醇相中的濃度為水相濃度
的多少倍？

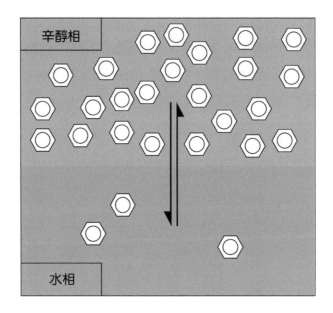

解答　苯的正辛醇－水分配係數為 $10^{2.17}$=147.9 ≈ 150，亦即苯在正辛
醇相中的濃度約為水相濃度的 150 倍。

（二）土壤／水分配係數

土壤／水分配係數(Soil-water Partition Coefficients,Kp)代表吸附在
土壤中的有機污染物質與溶解之污染物質的比值。此係數亦代表污染物
在土壤中及可能滲透到地下水的污染程度，亦即描述有機污染物被土壤
吸附或沉澱之潛勢。

$$K_P = \frac{C_S}{C_{H_2O}}$$

C_S = 污染物在土壤中之濃度（mg/L 或 ug/L）

C_{H_2O} = 污染物在水中之濃度 (mg/L 或 ug/L)

（三）有機碳吸附（分配）係數

有機碳吸附（分配）係數 (Organic carbon adsorption/parition coefficent; Koc)描述有機污染物被土壤吸附或沉澱之傾向。此係數容易受到土壤的酸鹼值、有機物種類等因子的影響，此係數關係到有機污染物在土壤中的穩定性。

$$K_{OC} = \frac{C_C}{C_{H_2O}} = \frac{K_P}{f_{OC}}$$

C_C =吸附於土壤的濃度= $\dfrac{\text{吸附量(mg)}}{\text{有機碳(Kg)}}$（ppm）

因為土壤所吸附有機物的濃度均是由土壤中有機碳成分所導致，故吸附於土壤的有機物濃度表示如上式所示。

C_{H_2O} = 有機污染物在水中之濃度 (mg/L 或 ug/L)

註：
K_P = 土壤／水分配係數 (**Soil** − **water Partition Coefficients, Kp**)
f_{OC}=土壤中有機碳所占之比例

例題	若苯在土壤有機質中的分配係數(partition coefficient)為 10 (kg/L)$^{-1}$，今有一土壤其有機質含量 1%，若水溶液中苯濃度為 100 mg/L，則土壤中苯濃度(mg/kg)應為多少？

解答	苯在土壤有機質中的分配係數 $= 10 \left(\frac{L}{Kg}\right) = \frac{C_C}{C_{H_2O}\left(\frac{mg}{L}\right)} = \frac{C_C}{100\frac{mg}{L}}$

$$C_C = \text{吸附於土壤的濃度} = 10 \times 100 = 1000 \left(\frac{mg}{kg}\right) = \frac{\text{吸附量}}{\text{有機碳量}}$$

$$= \frac{\text{吸附濃度}}{\text{有機碳濃度}} = \frac{\text{吸附濃度}}{\frac{1}{100}}$$

$$\text{土壤中吸附苯濃度}\left(\frac{mg}{kg}\right) = 1000 \times \frac{1}{100} = 10 \left(\frac{mg}{kg}\right)$$

（四）蒸氣液體分配係數

有機化合物在蒸氣中及在某一液體中濃度之不同。此係數是溫度、蒸氣壓、大氣壓、液體組成等之函數。常見的有**亨利定律(Henry's law)**：在常溫下，某一氣體溶解於某一溶劑中的體積莫耳濃度和該溶液達成平衡的氣體分壓成正比。

C ＝ KP

C ＝ 氣體於溶液的濃度。

K ＝ 亨利常數，常用單位是 mg/L-atm（K 值會因溶劑和溫度的不同而改變）。

P ＝ 溶液上的氣體分壓(partial pressure)。

亨利定律公式一般而言呈現之氣體壓力(P)與氣體溶解度(C)之間的線性關係，適用於微溶於水或難溶於水的氣體。因此在溶劑中溶解度越

大的氣體，則越不符合亨利定律。以二氧化碳為例，它與水混合後會很快的反應成碳酸(H_2CO_3)，因此在較高的壓力之下，二氧化碳在水溶液中之溶解性質就不符合亨利定律。此外，亨利定律也只適用於溶劑不會和所溶解氣體間發生化學反應的環境。

例題	依亨利定律(Henry's law)，試計算 20℃時，水中氧的濃度為多少 mg/L？ （已知亨利常數為 43.8 mg/L-atm）
解答	大氣中含氧的比例為 21%，故氧的分壓為 1×21% =0.21 (atm) C=KP =43.8(mg/L-atm)×0.21 (atm) =9.2mg/L

三、含水層水力傳導係數

水力傳導係數(hydraulic conductivity; K)表示土壤的透水性質，對特定土壤，在飽和情形下，K 為定值，負號代表水流方向和水頭坡降方向相反，水力傳導係數為描述含水層流通性之重要參數。

考 題 練 習

❧ 選擇題

( ) 1. 在生物鏈越上端的物種其體內累積持久性有機污染物(POPs)濃度將越高，危害性也將越大，這是說明 POPs 具有下列何種特性？ (A)持久性 (B)高毒性 (C)半揮發性 (D)生物累積性。

( ) 2. 中央主管機關指定公告之事業所使用之土地移轉時，讓與人應提供 (A)土壤污染檢測資料 (B)土壤風化程度分析檢測資料 (C)地質結構分析檢測資料 (D)土壤水分含量分析檢測資料。

( ) 3. 《土污法》第 9 條：「中央主管機關指定公告之事業於設立、停業或歇業前，應檢具用地之土壤污染檢測資料，報請所在地主管機關備查後，始得向目的事業主管機關申辦有關事宜。」某工廠廠房約 200 坪，請問依環境場址潛在污染評估之最少土壤採樣點數最少須採多少點？ (A)10 (B)4 (C)3 (D)2。

( ) 4. 下列哪些為土壤污染評估調查及檢測資料之規劃方式？（複選） (A)專家法 (B)《場址環境評估法》 (C)層級分析法 (D)網格法 (E)疊圖法。

( ) 5. 關於土壤污染評估調查及檢測，下列敘述哪些正確？（複選） (A)土壤污染評估調查及檢測資料；其規劃由土壤污染評估調查人員執行 (B)土壤污染評估調查時，應針對事業所使用之土地進行背景及歷史資料蒐集、審閱、現勘、訪談與綜合評估 (C)土壤污染檢測時，應依調查結果據以規劃土壤採樣位置、深度、檢測項目與數量等工作 (D)土壤污染評估調查人員係指〈依土壤污染評估調查人員管理辦法〉向中央主管機關完成登記之專業人員。

問答題

一、 依《土壤及地下水污染整治法》第 14 條:「整治場址污染行為人
　　 或潛在污染責任人,應於直轄市、縣(市)主管機關通知後三個
　　 內,提出土壤、地下水污染調查及評估計畫,經直轄市、縣
　　 (市)主管機關核定後據以實施。」若你是環境保護局該項業務
　　 的承辦人員,你如何審查某一地下水含氯有機溶劑污染(例如:
　　 三氯乙烯;TCE)場址,所提報的調查評估計畫書中有關污染範圍
　　 評估的合理性,請詳細說明。　　　　　　　　　　　(高考環保行政)

二、 簡要說明土壤、地下水調查及評估計畫的場址基本資料應包括那
　　 些項目?並說明其目的。　　　　　　　　　　　　(高考環保行政)

三、 一個大型土地場址,包含三個已受到相似污染濃度但不同化合物
　　 的區域(區域 A:對二氯苯;區域 B:乙苯;區域 C:1,1,1 三氯
　　 乙烷)。假設每個區域物理和環境條件都相同,請描述哪個區域最
　　 適合透過土壤蒸氣氣提法處理。

四、 污染物之環境宿命受到許多因素影響,其中包含:

1. 辛醇水分配係數(Kow;octanol/water partition coefficient)、

2. 有機碳吸附係數(Koc;organic carbon adsorption coefficent)、

3. 土壤水分配係數(Kd;soil-water partition coefficent)及

4. 生物累積因子(BCF;bioconcentration factor)。

　　 試說明上述四名詞之定義及其對污染物之環境宿命的影響。

　　　　　　　　　　　　　　　　　　　　　　　　　　　(地方特考)

五、 新興關切污染物(Contaminants of Emerging Concern, CECs)(亦簡
　　 稱新興污染物)之流布與處理:

（一）今在某污水廠進流水中發現三種 CECs，其特性如下表，假設該污水廠主要處理程序包括攔污柵、沉砂池、初級沉澱池、活性污泥池及二級沉澱池，試定性評估該三種 CECs，在前述各處理流程單元中，可能之去除效果。

污染物	亨利定律常數 KPa·m³/mol	河水中生物降解半衰期 (day)	辛醇－水 分配係數
A	1	300	5
B	100	20	10
C	10	1	100

（二）如果該污水未經處理，直接排入河川中，河川往下游移動時，何種污染物最易殘留在底泥、最易被生物降解及最易揮發至空氣中？

（三）從理論上看，這三種污染物，那一種最難處理？其原因為何？　　　　　　　　　　　　　　　　　（環保地方特考）

六、某一有機物之污染場址中，土壤總孔隙率(soil porosity)為 0.3，土壤整體密度(soil bulk density)為 1.8(g/cm³)，土壤中有機碳含量(fraction of organic carbon of soil)為 0.01，該有機物之有機碳與水間之分布係數(soil water partition coefficient, Kp)為 10mL/g。請問該有機物在此場址中之分配係數(distribution coefficient, Koc)為何？遲滯因子(retardation factor, R)為何？　　（環保技術高考）

七、某地下水中含氯仿、氯苯及 DDT，已知：土壤體積密度σ_b=2kg/L；土壤有機碳之分率(土壤中含有 1%之有機碳)f_{oc}=0.01；土壤孔隙率θ=0.2；氯仿之 logKow=1.97；氯苯之 logKow=2.84；DDT 之 logKow=6.91。請依遲滯作用估算上述三種物質，哪一種於地下水之流動中最快也最易被去除？可使用之方程式如下：

土壤水分配係數　K_{OC}；正辛醇－水分配係數　K_{OW}

$$K_{OC} = 0.63\, K_{OW}$$

$$K_P = 土壤水分配係數\ K_{OC} \times f_{OC}$$

延遲係數(retardation factor)　$R = 1 + \dfrac{\sigma_b \times K_P}{\theta}$

考 題 解 析

選擇題

1	2	3	4	5			
D	A	B	BD	ABCD			

問答題

一、 依《土壤及地下水污染整治法》第 14 條：「整治場址污染行為人或潛在污染責任人，應於直轄市、縣（市）主管機關通知後三個內，提出土壤、地下水污染調查及評估計畫，經直轄市、縣（市）主管機關核定後據以實施。」若你是環境保護局該項業務的承辦人員，你如何審查某一地下水含氯有機溶劑污染（例如：三氯乙烯；TCE）場址，所提報的調查評估計畫書中有關污染範圍評估的合理性，請詳細說明。 （高考環保行政）

解答

（一）含氯有機溶劑污染（如三氯乙烯）是比水重的非水相液體(DNAPL)污染物，其通過土壤縫隙後，會蓄積在含水層底部不透水層的上方。

（二）審查計畫書中有關污染範圍評估，需注意採樣時須採用深層採樣方法，並遵照土壤採樣方法執行採樣作業。

（三）在調查區域內至少分別於地下水流上游設置 1 處與下游設置 2 採樣點，且需垂直向下採集不同深度之樣本，直到第一含水層底部不透水層的上方或至污染物濃度在法規標準以下。

二、 簡要說明土壤、地下水調查及評估計畫的場址基本資料應包括哪些項目？並說明其目的。 （高考環保行政）

解答

依據：〈土壤及地下水污染場址初步評估暨處理等級評定辦法〉第 3 條

土壤、地下水調查及評估計畫的場址基本資料應包括：

1. 場址名稱。
2. 場址位置。
3. 場址所有人及相關資料。
4. 場址之土地使用分區類別及實際使用情形。
5. 場址配置圖。

主要目的：

　　污染行為人或潛在污染責任人應依調查評估結果，於直轄市、縣（市）主管機關通知後 6 個月內，提出土壤、地下水污染整治計畫，經核定後據以實施。

三、 一個大型土地場址，包含三個已受到相似污染濃度但不同化合物的區域（區域 A：對二氯苯；區域 B：乙苯；區域 C：1,1,1 三氯乙烷）。假設每個區域物理和環境條件都相同，請描述哪個區域最適合透過土壤蒸氣氣提法處理。

受污染區位	化合物	溶解度	蒸氣壓 (mmHg)	亨利常數 @20°Catm-m³/mole
A	對二氯苯	79	2.28	0.00286
B	乙苯	152	7.0	0.00703
C	1,1,1 三氯乙烷	4400	100	0.01341

解答

　　化合物若有較高之亨利常數，於高蒸氣壓時表示該化合物在氣相中有較高之親和力，因此三污染地區中，C 區受 1,1,1 三氯乙烷污染，其亨利常數值最高，最適合以土壤蒸氣抽除法(SVE)去除。

四、 污染物之環境宿命受到許多因素影響，其中包含：

    1. 辛醇水分配係數(Kow；octanol/water partition coefficient)、

    2. 有機碳吸附係數(Koc；organic carbon adsorption coefficent)、

    3. 土壤水分配係數(Kd；soil-water partition coefficent)及

    4. 生物累積因子(BCF；bioconcentration factor)。

試說明上述四名詞之定義及其對污染物之環境宿命的影響。 （地方特考）

解答

1. 辛醇水分配係數(Kow)是化學物質溶解在辛醇和水之比率，較水溶性的成分易分配在水中，較脂溶性者反之，logP 值越大表示脂溶性高水溶性低。代表污染物在環境中的親水性或疏水性的取向，與污染物在環境中之流布有關。

2. 有機碳吸附係數：量測化學物質吸附於土壤的趨勢，容易受到土壤的酸鹼值、有機物質 種類等因子所影響，此係數關係到化學物質在土壤中的穩定性。

3. 土壤水分配係數 Kd：吸附在土壤中的化學物質與溶解的化學物質的比值。此係數代表土壤中的化學物質的污染程度，以及可能滲透到底下水的污染程度。Kd(L/kg) = Sorbed Concentration(mg/kg) / Dissolved Concentration(mg/L)。

4. 生物累積因子：化學物質在水生動物的器官組織濃度與該化學物質在水中濃度的比值。

    上述四個係數均為污染物於環境中之流布，或說是環境宿命之指標。

五、 新興關切污染物(Contaminants of Emerging Concern, CECs)（亦簡稱新興污染物）之流布與處理：

    （一） 今在某污水廠進流水中發現三種 CECs，其特性如下表，假設該污水廠主要處理程序包括攔污柵、沉砂池、初級沉澱

池、活性污泥池及二級沉澱池，試定性評估該三種 CECs，
在前述各處理流程單元中，可能之去除效果。

污染物	亨利定律常數 KPa·m³/mol	河水中生物降解半衰期 (day)	辛醇-水分配係數
A	1	300	5
B	100	20	10
C	10	1	100

（二）如果該污水未經處理，直接排入河川中，河川往下游移動
　　　時，何種污染物最易殘留在底泥、最易被生物降解及最易揮
　　　發至空氣中？

（三）從理論上看，這三種污染物，那一種最難處理？其原因為
　　　何？　　　　　　　　　　　　　　　　　　（環保地方特考）

解答

　三種污染物特性分析

1. 亨利常數分析

　亦可作為描述化合物在氣液兩相中分配能力的物理常數，有機物的亨利
常數可以判斷氣體在液體中的溶解度，當溫度一定時，同一溶劑中亨利
常數大者較難溶。三種污染物的亨利常數 B＞C＞A，所以溶解度 A＞C
＞B。

2. 生物降解半衰期分析

　生物半衰期即有機污染物濃度因生物效應下降一半所需的時間，故三種
污染物分解效率 C＞B＞A。

3. 辛醇－水分配係數分析

　辛醇－水分配係數越小，有機污染物親水性越高，故親水性 A＞B＞C。

（一）三種新興污染物可能之去除效果

    1. 污染物 A：不易揮發且最難被生物降解，經過該污水廠的二級處理後，仍可能存在於放流水中，去除效果最差。

    2. 污染物 B：最易揮發且可以被生物降解，在活性污泥池中幾乎可被完全去除，去除效果最佳。

    3. 污染物 C：可揮發且最易被生物降解，大部分在活性污泥池中可被去除， 去除效果佳。

（二）最易殘留在底泥：污染物 C（因辛醇－水分配係數最高）。

    最易被生物降解：污染物 C（因生物降解半衰期最短）。

    最易揮發至空氣中：污染物 B（亨利常數最大）。

（三）污染物 A 最難處理，因為其最難被生物降解的特性，污水廠必須加裝三級處理單元使難分解的新興污染物符合放流水標準後，才能放流。

六、某一有機物之污染場址中，土壤總孔隙率(soil porosity)為 0.3，土壤整體密度(soil bulk density)為 1.8(g/cm^3)，土壤中有機碳含量(fraction of organic carbon of soil)為 0.01，該有機物之有機碳與水間之分布係數(soil water partition coefficient, Kp)為 10mL/g。請問該有機物在此場址中之分配係數(distribution coefficient, Koc)為何？遲滯因子(retardation factor, R)為何？ （環保技術高考）

解答

（一）$K_{OC} = \dfrac{C_C}{C_{H_2O}} = \dfrac{K_P}{f_{OC}} = \dfrac{10}{0.01} = 1000$

（二）延遲係數(retardation factor)：

    1. 土壤含水層中，水之移動速率和有機污染物移動速率之比值。

    2. 延遲係數越大，代表地下水之流動越快，相對有機污染物移動越慢，越難被去除。

    $R = 1 + \dfrac{\sigma_b \times K_P}{\theta} = 1 + \dfrac{1.8 \times 10}{0.3} = 61$

σ_b:土壤體積密度($\frac{g}{cm^3}$；$\frac{kg}{L}$)

K_P：土壤水分配係數

θ:土壤孔隙率

七、某地下水中含氯仿、氯苯及 DDT，已知：土壤體積密度σ_b=2kg/L；土壤有機碳之分率（土壤中含有 1%之有機碳）f_{oc}=0.01；土壤孔隙率θ=0.2；氯仿之 logKow=1.97；氯苯之 logKow=2.84；DDT 之 logKow=6.91。請依遲滯作用估算上述三種物質，哪一種於地下水之流動中最快也最易被去除？可使用之方程式如下：

土壤水分配係數 K_{OC}；正辛醇－水分配係數 K_{OW}

$K_{OC} = 0.63 \, K_{OW}$

$K_P = 土壤水分配係數 K_{OC} \times f_{oc}$

延遲係數(retardation factor) $R = 1 + \frac{\sigma_b \times K_P}{\theta}$

解答

化合物	logkow	Kow	Koc	Kp	R
氯仿	1.97	93.3	58.8	0.588	6.88
氯苯	2.84	692	436	4.36	44.6
DDT	6.91	8.31×10^6	5.12×10^6	5.12×10^4	5.12×10^5

即氯仿較水之移動慢約 7 倍；氯苯慢約 45 倍，而 DDT 較水慢約 50 萬倍，因此，氯仿隨地下水之流動最快也最易被去除，而 DDT 移動最慢，最難被去除。

CHAPTER

04

土壤與地下水污染物化處理技術

4-1 污染整治技術基本認知

　　土壤與地下水整治復育技術依污染場域的地表面為基準，可分為現地處理(in-situ treatment)與離地處理(ex-situ treatment)兩種，離地處理再依是否於污染場域為基準，再分為現場處理(on-site treatment)與離場處理(off-site treatment)，其分類示意圖與說明分別如圖 4-1 與表 4-1 所示。

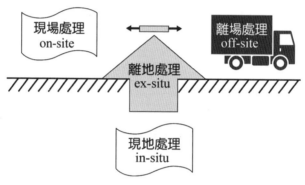

圖 4-1　處理技術分類示意圖

表 4-1　處理技術分類與說明

		分類與說明	
處理場所	現地處理 (in-situ treatment)	污染物在不經開挖程序或不將受污染土壤移離原位置的狀況下，直接在現地處理污染物。(**原位處理不移離**)	
	離地處理 (ex-situ treatment)	現場處理 (on-site treatment)	將污染土壤開挖後，在地面上現場以適當的程序進行處理，經淨化後的土壤則可用於回填、再利用或掩埋。(**開挖移到地面上處理**)
		離場處理 (off-site treatment)	將污染土壤開挖後，外運到適當的處理場，經淨化處理後的土壤可用於回填、再利用或掩埋。(**開挖後移地處理**)

　　此外，整治技術按照處理原理區可分為物化處理技術及生物處理技術，其整治技術處理原理說明如表 4-2 所示。

表 4-2　**處理技術原理說明**

處理原理	物化處理	物理方法	將污染物逸散以降低濃度，如改變溫度將揮發性污染物予以處理之原理，以氧化或者以吸附方式而離開土壤	依地表面為基準，可分為現地處理與離地處理兩種。
		化學方法	改變污染物有害化學物質分子結構，因而降解毒性或完全分解。	
	生物方法		降解或改變有害物質之鍵結，使其成為低毒性或無毒產物之處理方法。	

4-2　常見現地物化整治技術

　　常見污染場址現地物化處理技術有土壤蒸氣萃取法、土壤淋洗法、電動力法、現地化學氧化法、現地透水性反應牆等，處理技術摘要說明如表 4-3 所示。

表 4-3　**常見污染場址現地物化處理技術摘要說明**

序號	處理技術	處理摘要
1	土壤蒸氣萃取法 (Soil Vapor Extraction, SVE)	以真空方式抽出或移除非飽和地下水中固相或液相污染物，利用真空泵浦抽氣，使其產生揮發作用，將污染物轉為為氣相，藉由抽氣井抽氣，使污染區土壤產生負壓，使污染物往抽氣井方向移動，被抽出的污染物經氣液分離及處理後可進行回收或排放。

表 4-3 常見污染場址現地物化處理技術摘要說明（續）

序號	處理技術	處理摘要
2	土壤淋洗法 (Soil Flushing)	將淋洗液直接灌注或噴灑在無開挖的土地上，經由重力的入滲將土壤中的污染物淋洗至含水層中，進入到含水層中的溶離液再抽取至地面處理，處理後之地下水再回注入地下或排放。
3	電動力整治法 (electro-kinetic remediation)	將正負電極置於待處理之污染場址中，施加適量直流電力後，藉由陰、陽電極間生成之電場作用，驅使帶正電之離子被吸引到負極（陰極）；帶負電之離子則向正極（陽極）移動；利用污染物在電場中較易遷移之特性達到去除效果。
4	現地化學氧化法(In Situ Chemical Oxidation, ISCO)	在不移動污染物或受污染土壤情況下，將氧化劑導入污染區，經由氧化作用使目標污染物降解之土壤與地下水之整治法。氧化劑之高氧化性使污染物迅速被破壞，因此適用於處理較高濃度之土壤及地下水污染。
5	現地透水性反應牆 (permeable reactive barrier, PRB)	在地表下設置反應性材料，用以攔截污染團，並提供優先的流徑使污染團流過反應性材料，使污染物濃度經過吸附及分解的程序降低，在出流端使其濃度低於法規的要求。

一、土壤蒸氣萃取法(Soil Vapor Extraction/SVE)

（一）土壤蒸氣萃取法

　　土壤蒸氣萃取法主要以真空方式抽出或移除非飽和地下水中固相或液相污染物，利用真空泵浦抽氣使其產生揮發作用，將污染物轉化為氣相，藉由抽氣井抽氣讓污染區土壤產生負壓，使污染物往抽氣井方向移動，被抽出的污染物經氣液分離及處理後可進行回收或排放。其整治流程示意如圖 4-2 所示。

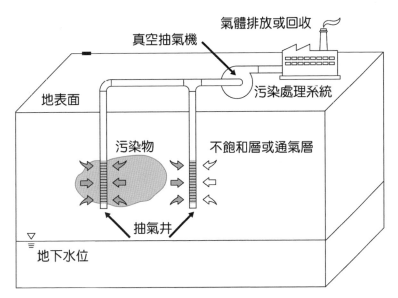

圖 4-2　土壤蒸氣萃取法整治流程示意圖

（二）適用性分析

　　土壤蒸氣萃取法適用之環境，以具有土壤質地均一、透氣性強、孔隙度大、水分含量低與地下水水位深之場址最為適用。於操作時，有時會在表面上覆蓋一層不透水布，以避免產生短流現象，並增加影響半徑及處理效率。適用條件為通氣性良好之土壤（黏粒低於 40%、含水量低於 50%），且污染物具較高揮發性（通常亨利常數 > 0.01）。

　　本法在進行規劃設計時應考慮有機污染物揮發至土壤間隙，以及土壤間隙蒸氣抽除之難易度等兩主要機制。考量的因子包括污染物之蒸氣壓與亨利常數、土壤透氣性、地質條件、地下水位與土壤含水率等。因此，本法不適用於低揮發性或低亨利定律常數之污染物，亦不適合處理含水率高或黏土質之土壤，更不適用於低透氣性的土壤環境中。雖然工程技術可克服上述不利因素，但會明顯著增加整治之經費。

（三）優缺點分析

優點

1. 設備簡單，易於安裝操作。

2. 相較其它處理法，修復時間較短，修復費用較低廉。

3. 易於和其它處理技術（如空氣注入法、生物氣提法等）串聯使用。

4. 可不破壞地上建築物，於建築物下的受污染區域處理，對現場環境破壞性較小。

缺點

1. 需搭配其它處理法，對污染物處理才有較高的處理效果。

2. 對低滲透性土壤和非均質介質的處理效果較差。

3. 對抽出的污染氣體需進行後續的處理。

4. 只能對非飽和區域或通氣層土壤進行處理。

二、土壤淋洗法(Soil Flushing)

（一）土壤淋洗法

　　土壤淋洗法是一個現地(In Situ)處理的整治法，將淋洗液直接灌注或噴灑在無開挖的土地上，經由重力的入滲將土壤中的污染物淋洗至含水層中，進入到含水層中的溶離液（淋洗液與污染物之混合物）需抽取至地面處理，處理後之地下水再回注入地下或排放。其整治流程示意如圖 4-3 所示。

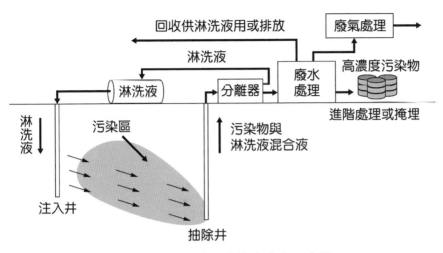

圖 4-3　土壤淋洗法整治流程示意圖

（二）適用性分析

1.　土壤淋洗法需將入滲於土壤中的污染物淋洗至含水層中，因此本法
適用於坋土或黏土較少的土壤質地。此外，相較於其它整治方法，
土壤淋洗法必須對於場址的水文地質有更多的掌握。

2.　適用於污染濃度低，且容易得以還原或揮發之重金屬污染土壤整
治，適用於回收具有經濟效益的金屬污染土壤如汞、鎘等。

3.　土壤淋洗法可處理的污染物如表 4-4 所示。

表 4-4　**土壤淋洗法可以處理的污染物可能污染業別**

污染物	可能污染業別
重金屬（鉛、銅、鋅）	電池回收業、金屬電鍍業
鹵化溶劑（三氯乙烯、三氯乙烷）	乾洗業、電子組裝業
芳香族碳氫化合物（苯、甲苯、甲酚、酚）	木材處理業
汽油與燃料油	石化業、汽車製造業
多氯聯苯(PCBs)與氯化酚	農藥生產業、除草劑生產業、電力業

（三）優缺點分析

優點

1. 不需開挖污染土壤、可併同進行地下水整治。

2. 土壤淋洗法可處理多種有機及無機污染物。

3. 土壤淋洗法的適用業別較為廣泛。

缺點

1. 同時處理混雜不同污染物質的土壤時（例如同時有金屬與油品的污染），則較難選擇適當的淋洗液。

2. 地表下的土層組成與分布需充分瞭解，才能掌握淋洗液與污染物的路徑，確保污染物擴散的範圍不會超過原規劃的捕捉區。

3. 原先在地表下的污染物被濃縮成較高濃度的污泥，需適當的處理，避免廢液及高濃度的污泥對環境造成二次污染。

三、電動力整治法(Electro-kinetic remediation)

（一）電動力整治法

電動力整治法的原理係將正負電極置於待處理之污染場址中，施加適量直流電壓或電流後，藉由陰、陽電極間生成之電場作用，驅使帶正電荷之離子被吸引到負極（陰極）；帶負電荷之離子則向正極（陽極）移動；此外，溶解性非離子物種可藉由電滲透流之傳輸，藉以引導土壤中電解質溶液之移動，進而達到去除污染物的目的。電動力整治法其整治原理示意如圖 4-4 所示。

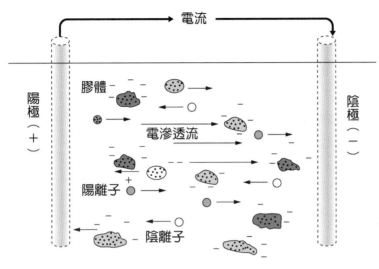

圖 4-4　電動力法整治原理示意圖

（二）適用性分析

1. 對電動力而言，去除污染物最主要機制為電滲透流及離子遷移。

2. 電滲透流是在電場作用下，電解質溶液相對於靜止的帶電固體表面之運動現象稱為電滲透流，意即土壤層中滲透之流動。

3. 離子遷移為電動力系統中帶電離子在電場作用下，會依據自己本身所帶的電性，與相反電性之陰陽電極相互吸引，其污染物於污泥的孔隙中遷移的現象就稱為離子遷移。

4. 添加化學物質在溶液中形成離子時，可在電場的影響下有效的濃縮和遷移，電動力技術不僅適用於飽和層土壤，亦可應用於不飽和層土壤，此外，污染物質之傳輸方向與量，則受污染物濃度、污染離子移動性、土壤結構與性質及土壤孔隙、水界面化學與傳導性所影響。

5. 電動力法一般用於處理銅、鉛、鋅、鉻與鎘等重金屬，目前電動力法被視為一經濟且有效之現地土壤與地下水整治技術。

（三）優缺點分析

優點

1. 能於現地將污染物由污染介質中去除。

2. 不受污染物種類限制。

3. 可有效控制電滲透流之流向。

4. 高移除效率及具安全性。

5. 對於低滲透性之土壤其處理效果亦十分顯著。

6. 具有與其它整治技術搭配之彈性。

缺點

1. 整治效率會受到污染物的溶解性和污染物於土壤膠體表面脫附性能的影響。

2. 需要電導性的孔隙流體來活化污染物。

3. 存在於土壤中的地基、碎石、大塊金屬氧化物、大石塊等將會降低處理效率。

4. 金屬電極電解過程中可能會發生溶解，並產生腐蝕性物質，因此電極需採用惰性物質如碳、石墨、鉑等。

5. 土壤含水量低於 10%的場域，將大幅降低處理效果。

四、現地化學氧化法(In Situ Chemical Oxidation, ISCO)

（一）現地化學氧化法

現地化學氧化法是不移動污染物或受污染土壤之情況下，將氧化劑導入污染區，經由氧化作用使目標污染物降解之土壤與地下水整治法。

　　在污染區域（污染帶）中設置不同深度的注入井，再利用泵浦加壓，將化學氧化劑或還原劑透過井注入地下環境中。氧化劑與污染物混合、反應，使土壤與地下水中的污染物破壞、分解。理想狀況下，可轉化成二氧化碳、水與無機鹽類。為縮短整治期程，通常會利用一個井注入化學氧化劑，另一個井將污染地下水抽除出來，並且設置氧化劑循環再利用設備。其整治流程示意如圖 4-5 所示。

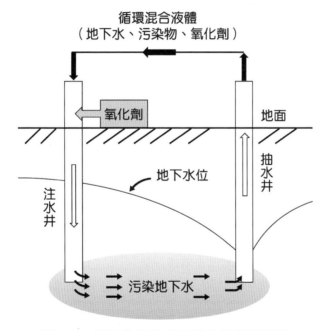

圖 4-5　現地化學氧化法整治流程示意圖

（二）適用性分析

　　現地化學氧化法可處理地表下污染區域而不受地面結構物之限制，是目前極具潛力的整治方法。相較於其它整治方法，現地化學氧化法不僅可節省開挖或抽取後之處理費用，亦能縮短復育時程，高氧化性之氧化劑能夠使污染物迅速被反應降解，因此現地化學氧化法適用於處理較高濃度之土壤及地下水污染。

（三）選用氧化劑優缺點分析

　　場址地下水文地質與化學特性變異性大，且不同氧化劑處理不同種類的污染物，現地化學氧化法常用的氧化劑與優缺點分析如表 4-5 所示。

表 4-5　現地化學氧化法常用氧化劑與優缺點

類型	優點	缺點
臭氧	1. 高處理效率反應時間短。 2. 可利用自動系統操作。	1. 傳輸距離較短，低透土壤較不適用。 2. 需要臭氧產生機來傳輸設備。
過氧化氫／鐵	增加溶氧可提升好氧整治。	pH 值適用範圍小。
過錳酸鉀	1. 反應過程安全，不產生熱及氣體。 2. 處理時間長可增加物質接觸的機會。	易沉澱固體顆粒，造成土壤孔隙堵塞。
過硫酸鹽／催化	1. pH 值適用範圍廣。 2. 高效率處理。	1. 需要催化劑。 2. 反應後 pH 值變動大。

五、現地透水性反應牆(Permeable Reactive Barrier, PRB)

（一）現地透水性反應牆

　　現地透水性反應牆之處理原理主要在地下水污染帶下游，設置一不透水的屏障，藉由此不透水屏障將污染帶引導至位於其內之半滲透性、滲透性或可置換的反應牆內。於反應牆中進行污染物之反應處理。處理

過後之地下水流出反應牆後，再沿著自然水流方向流動。現地透水性反應牆整治原理示意如圖 4-6 所示。

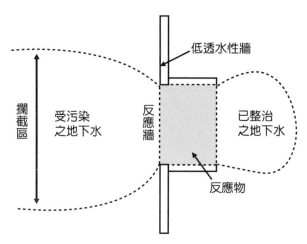

圖 4-6　現地透水性反應牆整治原理示意圖

（二）適用性分析

1. 透水性反應牆適用於處理揮發性有機化合物(VOCs)、半揮發性有機物(SVOCs)以及無機物，但對於受輕質非水相液體(LNAPL)污染時，其處理效果則較不佳。吸附／吸收性材料（例如活性碳、沸石及有機性皂土等）可用於處理無機物與有機物。

2. 規劃反應牆處理前，首先需先充分了解受污染場址現地之特性，包括水文、地質及化學性，由污染帶大小、地下水移動方向及速度、含水層之透水性及邊界等，決定反應牆之設置方位與大小。

3. 反應材料的選擇包含材料種類、粒徑分布及混合成分。主要考慮污染物的種類，設計上通常可由可行性研究取得所需要之參數。反應牆設置後，除了定期之監測工作以外，其餘在完工後無須人員操作。

其它現地物化整治技術

一、氣逸法(Air Sparging, AS)

（一）氣逸法

　　利用壓力將空氣或氧氣注入地下水中，產生氣泡，促使含水層（飽和層）之地下水污染物溶出，並揮發至氣相進入透氣層（不飽如層）中，為有效控制氣相污染物的流動，通常會結合土壤間隙蒸氣抽除法，將氣體抽出至地面處理後予以排放。其操作示意如圖 4-7 所示。

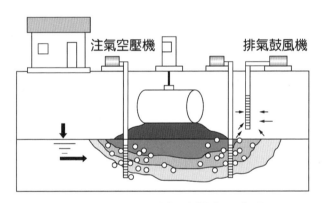

注氣空壓機　　　排氣鼓風機

圖 4-7　地下水注氣法操作示意圖

（二）適用性分析

　　地下水注氣法適用於均質、高透水性之自由含水層之污染，對於污染物為可被好氧微生物分解之揮發性有機物或油品等污染較為有效。場址若具非均質性時，當注氣流遇到低透氣層易產生橫向擴散，會使注氣效果受到影響。

二、蒸氣注入法(Steam injection)

（一）蒸氣注入法

透過蒸氣注入井將蒸氣強力注入地下水中，利用熱空氣或蒸氣注入至污染區的下方，將受污染之土壤加熱，使揮發性及半揮發性的污染物從土壤中揮發出來，上升至未飽和層中，再從未飽和層中將所揮發出的污染物抽除收集後另行處理。其操作示意如圖 4-8 所示。

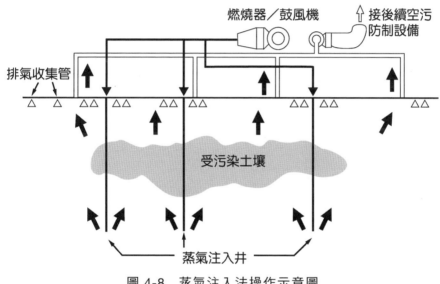

圖 4-8　蒸氣注入法操作示意圖

（二）適用性分析

蒸氣注入法主要是規劃用來處理揮發性及半揮發性有機物，運用此系統加熱達到所需溫度，可提高土壤蒸氣萃取法(SVE)處理之有效性（如半揮發性殺蟲劑及燃料油污染等）。此外，經由此前處理之後，受污染土壤將有利於殘存污染物之生物降解作用。

三、抽出處理法(Pump & treat)

（一）抽出處理法

　　抽出處理法係藉由抽水井或抽水渠等抽除系統，將受污染地下水抽除至地表進行處理，抽除系統於操作時會形成一個捕集區，受污染地下水進行抽離至地面處理後再予以排放，其操作示意如圖 4-9 所示。

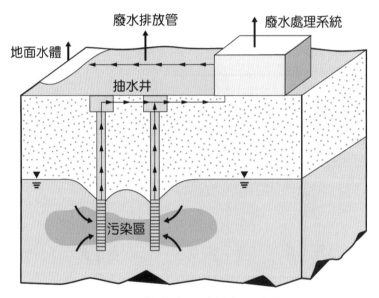

圖 4-9　抽出處理法操作示意圖

（二）適用性分析

　　適用地下水含水層中溶解相進行水力控制與污染物的移除。常應用於受重質非水相液體(DNAPL)污染的場址。地下水抽出速率可以現地抽水試驗之數據資料決定。

4-4　離地物化整治技術

　　常見污染場址現地物化處理技術有土壤清洗法、熱脫附法、焚化法等，處理技術摘要說明如表 4-6 所示。

表 4-6　重金屬污染場址現地整治技術摘要說明

序號	處理技術	處理摘要
1	土壤清洗法 (Soil Washing)	將土壤挖除後，利用水與清洗劑將附著於土壤顆粒上含重金屬種染物與土壤分開，再處理含污染物的廢水，最後再將處理的土壤回填或運至掩埋場掩埋。
2	熱脫附法 (Thermal Desorption)	在真空條件下通入載氣，透過直接或間接熱交換，將土壤中的水分、有機污染物及部分金屬加熱到足夠的溫度（320~560℃），以使有機污染物從受污染土壤中得以揮發或分離，以進入後續氣體處理系統的過程。
3	焚化法 (Incineration)	利用溫度 870~1,200℃間之高溫，破壞分解及移除污染物，其移除污染物之效率高，幾乎可以把污染物完全加以破壞，但於焚化過程所產生的廢氣及灰渣都需進一步地加以處理，以避免二次污染。

一、土壤清洗法(Soil Washing)

（一）土壤清洗法

　　土壤清洗法是土壤離地(ex Situ)現場處理的整治法，係將污染土壤挖除後，利用水與洗滌劑（溶於水的化學藥劑）將附著在土壤顆粒上之污染物與土壤分開，再處理含有污染物的廢水或廢液，最後再將處理的土壤回填或運至掩埋場掩埋的整治法。土壤清洗法整治流程示意如圖 4-10 所示。

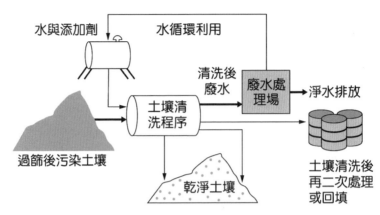

圖 4-10　土壤清洗法整治流程示意圖

（二）適用性分析

1. 土壤清洗法適用於重金屬、農藥、有機物或有機物混合物或其它無機物污染土壤之整治或前處理。

2. 本法已成功用於整治許多無機物、有機物同時污染的土壤。規劃設計時應依據處理土壤的物理狀況，先依土壤粒徑的不同進行篩分，是進行土壤清洗前必要的步驟，使不同粒徑的顆粒可以分開處理。一般而言，於礫石、粗砂、中砂、細砂與相似土壤組成中的污染物較易被妥善處理。

3. 粉土與黏土較難清洗，故土壤中含有 25~30%的黏粒時，則不建議採用本法。

4. 土壤清洗系統由一系列物理操作單元與化學反應過程所組成，並且在安全、體積可控制的反應器或槽體中進行，由土壤中清洗或洗滌出來的污染物被轉移到液相中，需經廢水處理單元處理後，將放流水予以回收再利用或排放。

（三）優缺點分析

優點

1. 土壤清洗使用清洗劑時，可處理多種污染物，如重金屬、農藥、有機物或有機物混合物等。

2. 處理後的土壤可以直接回填於開挖區域，減少需進一步整治的土方量，以減少整治費用。

3. 於現地處裡技術中，土壤清洗法相較之下所需的整治時間較短。

4. 可直接使用移動式或套裝設備於污染場址現場組裝操作，節省清運費用。

缺點

1. 土壤受多重污染物污染時（如重金屬與有機物），不易選擇適當的清洗劑。

2. 需針對土壤中的高腐植質前處理。

3. 需處理整治中所殘留的廢水及洗滌液。

4. 本法對於吸附於黏土上之有機物較難去除。

二、熱脫附法(Thermal Desorption)

（一）熱脫附法

　　加熱脫附處理係一種不做為破壞有機物的「物理分離」程序。土壤中污染物受熱後，使其水分及污染物質揮發，並使用真空抽除器或傳送氣體來傳輸，蒸發之水蒸氣及揮發性污染物至後段處理或回收系統，而脫附系統設計之爐床溫度及停留時間僅將污染物揮發後分離處理，而不予以氧化燃燒。熱脫附法整治流程示意如圖 4-11 所示。

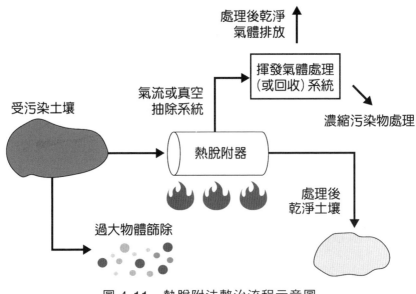

圖 4-11　熱脫附法整治流程示意圖

（二）適用性分析

　　本法受污染土壤之基質、污染物特性、間接加熱脫附系統及尾氣處理單元等因素相關聯，因此整治前應先進行小規模之模場試驗或試燒計畫，以瞭解處理過程中可能影響或干擾處理成效之因子，進而作為實場整治作業熱脫附爐及二次污染控制處理單元之設計依據。

（三）優缺點分析

優點

1. 屬離地處理，為迅速有效之處理方法。

2. 本法屬間接加熱法，熱氣並不直接與廢棄物接觸，故產生之廢氣相對較少。

3. 法規許可下，經處理過後之土壤，可再堆回現地或作為掩埋場覆土。

缺點

1. 若欲處理受污染物土壤其濕度（含水率）越高，則需要更多的熱能輸入，會增加燃料（能源）之成本。

2. 熱脫附處理法並無法有效處理腐蝕性有機物及反應性物質（如氧化還原劑）。

3. 對於無機物之處理有效性不佳，部分無機物如汞或鉛等，雖有低沸點之特性，但無法有效處理至法規標準。

4. 處理程序中會產生廢水處理問題。

三、焚化法(Incineration)

（一）焚化法

利用溫度 870~1,200℃間之高氧化燃燒溫，破壞分解及移除污染物，將土壤中的污染物轉變為安定之氣體或物質的方法。其移除污染物的效率高，幾乎可以把污染物完全加以破壞，但於焚化過程所產生的廢氣及灰渣都需進一步加以處理，避免二次污染。焚化法整治流程示意如圖 4-12 所示。

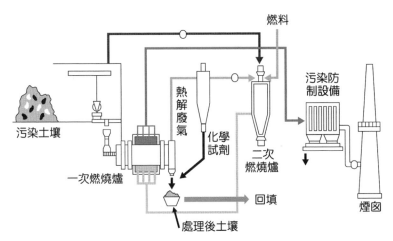

圖 4-12　焚化法整治流程示意圖

（二）適用性分析

　　焚化法處理技術選定係與受污染物土壤基質、污染物特性、污染物熱值及焚化系統尾氣處理排放單元等因素有關聯，因此整治前應先進行小規模之模場試驗或試燒計畫，以瞭解焚化處理過程中可能影響或干擾處理成效之因子，進而作為全場整治作業焚化爐及二次污染控制處理單元之設計依據。

（三）優缺點分析

優點

　　廣泛應用於整治受有機污染物污染之土壤，包括揮發性有機物、半揮發性有機物、農藥、溶劑、PCB、戴奧辛、石油碳氫化合物等污染土壤。

缺點

　　受污染土壤在燃燒室中被加熱至特定的溫度，使污染物從土壤中轉移至氣體中，燃燒室出口中心溫度應保持 1,000℃ 以上，燃燒氣體在二次燃燒室之滯留時間至少在 1 秒以上，方能有效地破壞污染物，處理成本相對較高。

 ## 4-5　現地與離地兩用物化整治技術

固化／穩定化法(Solidification/Stabilization)

　　固化法係以固化劑與受污染土壤進行物理結合，達到限制有害成分溶出或移動的處理方法。穩定化法係指利用化學劑將受污染土壤中之有害成分降低其有害性或轉換成無害成分之處理方法。固化／穩定化處理技術乃儘量使土壤中的污染物侷限無法移動，以降低其對環境的危害。

固化／穩定化法可處理重金屬與無機陰離子，若考量經濟效益，固化／穩定化法適用於高污染、低量的受污染土壤。一般會與具減量成效的前處理方法組合。

固化／穩定化污染土壤大致可區分為離地固化處理與現地固化處理，離地固化是經由挖掘設備移除污染土壤後，依一般固化程序處理；現地固化處理則不經挖掘程序，直接於現地進行固化。固化／穩定化法整治法示意如圖 4-13 所示。

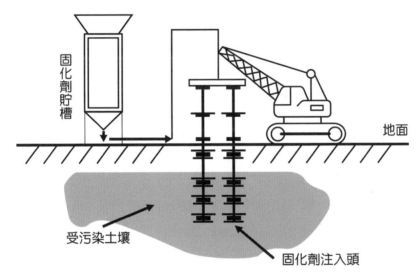

圖 4-13　固化／穩定化整治法示意圖

一、現地固化／穩定化

（一）現地固化／穩定化

透過一定的機械力在原位向污染介質中添加固化劑／穩定化劑，在充分混合的基礎上，使其與污染介質、污染物發生物化作用，將污染土壤固封為結構完整的具有低滲透係數的固化體，或將污染物轉化成化學性質不活潑形態，降低污染物在環境中的遷移和擴散。

（二）適用性分析

適用於污染土壤，可處理金屬類、石棉、腐蝕性無機物、氰化物以及砷化合物等無機物與農藥（除草劑）、石油或多環芳烴類、多氯聯苯類等有機化合物。不宜用於揮發性有機化合物。

二、離地固化／穩定化

（一）離地固化／穩定化

將挖掘程序後的污染土壤中添加固化劑／穩定化劑，經充分混合，使其與污染介質、污染物發生物化作用，將污染土壤固封為結構完整的具有低滲透係數的固化體，或將污染物轉化成化學性質不活潑形態，降低污染物在環境中的遷移和擴散，其固化後用途則依廢棄物最終處置方式處理。

（二）適用性分析

處理污染土壤的適用性與現地法一樣，惟處理時，需要添加較多的固化／穩定劑，對土壤的增容效應較大，會顯著增加後續土壤處置費用。

考題練習

選擇題

( )1. 下列何種土壤污染整治技術，不屬於現地(in-situ)整治方法？
(A)抽取處理法(pump and treat)　(B)土壤蒸氣萃取法(soil vapor extraction)　(C)氣逸法(air sparging)　(D)開挖法(excavation)。

( )2. 土壤氣體萃取法(soil vapor extraction)適用於處理下列何種污染物？　(A)揮發性有機物　(B)重金屬　(C)農藥　(D)生物製劑。

( )3. 下列何種受有機物污染之土壤，較不適用於土壤蒸氣萃取法(SVE)進行整治？　(A)受苯污染之土壤　(B)受五氯酚污染之土壤　(C)受二甲苯污染之土壤　(D)受甲苯污染之土壤。

( )4. 土壤污染若採熱蒸氣注氣法處理時，其主要之處理機制為何？
(A)以蒸氣提供充足水分，提高生物活性　(B)以加溫方式提高溫度，有利於熱解　(C)以加溫方式降低水之黏滯性，以利流動　(D)以加溫方式增加揮發性，以降低吸附量。

( )5. 利用蒸汽注入法(steam injection)進行受污染場址整治，受下列何種污染物污染之場址最合適？　(A)油品　(B)農藥　(C)重金屬　(D)肥料。

( )6. 一般認為電動整治法(Electrokinetic remediation)可以最有效整治受何種污染物污染之土壤？　(A)重金屬　(B)有機物　(C)農藥　(D)肥料。

( )7. 下列何者不屬於常見之地下環境污染現址處理(in-situ)技術？
(A)滲透性反應牆法(permeable reaction barrier)　(B)活性污泥

法(activated sludge)　(C)土壤氣體萃取法(soil vapor extraction)
(D)氣逸法(air sparging)。

（　）8. 使用抽取處理法(pump and treat)整治受有機物污染的地下水
時，主要包括下列何種處理程序？　　(A)將水打入地下，然後
利用天然生物作用處理　(B)將水抽出地面，然後在地表上處
理　(C)將空氣打入地下，然後藉生物作用處理　(D)將空氣抽
出地面，然後在地表上處理。

（　）9. 重金屬污染土壤整治方法中，「土壤穩定化—固化」之做法為
以下何者？　　(A)禁止使用受重金屬污染土壤　(B)種植能吸受
重金屬元素的植物　(C)在土壤中添加固化劑，將土壤中有毒
重金屬固定起來，阻止其在環境中擴散　(D)使用化學溶劑將
土壤污染物轉移到液體。

（　）10. 土壤污染若採電動力法處理時，其處理主要之優點為何？（複
選）　　(A)能於現地將污染物由污染介質中去除　(B)不受污染
物種類限制　(C)對於低滲透性之土壤其處理效果佳　(D)高移
除效率及具安全性。

問答題

一、何謂土壤淋洗法(Soil washing)？　　　　　　（普考環境污染防治技術）

二、試比較污染土壤採用「土壤清洗」(soil washing)及「土壤淋洗」
(soil flushing)之異同。　　　　　　　　　　　（高考環保行政）

三、何謂現地化學氧化法(in-situ chemical oxidation, ISCO)？並舉出三
個影響現地氧化反應速率的因子。請比較其它整治方法，ISCO 具
有那些優點（請舉出三個）？並列舉出三種常用之 ISCO 化學氧化
劑。　　　　　　　　　　　　　　　　　　　（高考環保行政）

考題解析

選擇題

1	2	3	4	5	6	7	8	9	10
D	A	B	D	A	A	B	B	C	ABCD

問答題

一、何謂土壤淋洗法(Soil washing)？　　　　　　　　　（普考環境污染防治技術）

解答

　　土壤清洗法是土壤離地(ex Situ)現場處理的整治法。

　　係將污染土壤挖除後，利用水與洗滌劑（溶於水的化學藥劑）將附著在土壤顆粒上之污染物與土壤分開，再處理含有污染物的廢水或廢液，最後再將處理的土壤回填或運至掩埋場掩埋的整治法。

二、試比較污染土壤採用「土壤清洗」(soil washing)及「土壤淋洗」
　　(soil flushing)之異同。　　　　　　　　　　　　　　（高考環保行政）

解答

（一）土壤清洗法

　　將土壤挖除後，利用水與清洗劑將附著於土壤顆粒上污染物與土壤分開，再處理含有污染物的廢水或廢液，最後再將處理的土壤回填或運至掩埋場掩埋。

（二）土壤淋洗法

　　將溶液注入或使其滲透至受污染的土壤及地下水中，並在下游抽取地下水及溶離液（淋洗液與污染物之混合物），接著再於地面上處理，處理後的地下水再回注進入地下或排放。

差異

兩個方法的相同處在於都以液體將土壤內的污染物分離出，再處理廢液。

相異處在於：

1. 土壤清洗法是**離地現場處理**，處理的土壤回填或運至掩埋場掩埋。
2. 土壤淋洗法是**現地處理**，處理後的地下水再回注進入地下或排放。

比較項目	土壤清洗法 (Soil Washing)	土壤淋洗法 (Soil Flushing)
可處理的污染物	重金屬、汽油、燃料油、農藥。	重金屬、汽油、燃料油、含氯碳氫化合物、苯環類碳氫化合物、多氯聯苯。
技術分類	離地(Ex-situ)，係將受污染土壤挖出，於現場利用水（或萃取劑）混合攪拌後進行固液分離。	現地(In-situ)，係利用水（或萃取劑）將土壤中的污染物淋洗至地下水，再於下游處或適當地點抽取含有污染物的地下水至地面處理。
需要二次處理的物質	分離出來的細顆粒土壤，以及清洗液。	抽取至地面的地下水。
優點	成本低、縮減後續處理污染土壤的體積、可在現場進行而免除運送的費用與風險。	不需開挖污染土壤、可併同進行地下水整治。
使用限制	不適用於細顆粒土壤比例過高的土壤。選用酸液會使土壤喪失地力，後續需要進行土壤復育可能需額外處理分離出來的細顆粒土壤中之萃取劑。	不適用於低透水性或非均質性的土壤，若污染物與土壤緊密吸附，將降低其處理效率。淋洗液與土壤反應後，會降低污染物的移動性。僅適用於淋洗液與淋洗出的污染物，可以被侷限且捕捉。

三、 何謂現地化學氧化法(in-situ chemical oxidation, ISCO)？並舉出三
　　 個影響現地氧化反應速率的因子。請比較其它整治方法，ISCO 具
　　 有那些優點（請舉出三個）？並列舉出三種常用之 ISCO 化學氧化
　　 劑。
（高考環保行政）

解答

（一） 現地化學氧化法(ISCO)是將化學氧化藥劑注入地表下受污染之未飽
　　　 和層與飽和含水層中，透過氧化反應破壞各種有機污染物質，最終
　　　 形成二氧化碳與水等無毒產物。

（二） 污染物濃度、溫度、pH 值。

（三） 現地化學氧化法具有如下之優點：

　　　 1. 適用於處理較廣泛的污染物類型。

　　　 2. 相較於其它適用之整治技術可能具成本競爭優勢。

　　　 3. 整治期程較短。

（四） 常用的 ISCO 化學氧化劑有：Fenton 試劑(H_2O_2)、過錳酸鹽(MnO_4^-)、
　　　 過硫酸鈉($S_2O_8^{2-}$)與臭氧($O3$)等。

CHAPTER

05

土壤及地下水污染生物整治技術

5-1　生物整治技術的認知

一、生物整治技術特點

　　生物整治技術又稱生物復育技術，已廣為歐美政府單位與業界所接受，用以整治受污染之場址。生物處理法其特點在於可將污染物轉化成危害較小的生成物，而非只將污染物做相的轉移（如液相轉為氣相）；此外，其整治費用也較為經濟。

二、生物整治技術類別

　　生物整治是利用微生物分解土壤或地下水中之污染物，「整治」與「復育」經常交替使用，但整治較著重於污染物的去除，以降低污染風險為主要目標；而復育所著重的不只是去除污染物，更期望能恢復受污染場址的原有用途。相較之下，生物復育技術因其本身特性而較能符合恢復原有用途的需求。

　　生物處理法又可分為自然生物處理(natural bioremediation)及加強式生物處理(enhanced bioremediation)，不論是自然或加強式的生物處理均可在極具經濟效益之前提下，達到去除污染物之整治目的。

三、生物整治技術限制

　　大部分合成之有機物均可被微生物分解，即適用於生物處理；但有某些有機物是生物難分解，或分解速率緩慢，使生物處理程序較無效率。戴奧辛(TCDD)及多氯聯苯(PCBs)即是屬於難分解性及具頑抗性之有機物。生物分解性因有機物之分子結構而異，一般下列幾種有機物具有生物難分解性：

1. 鹵化物。

2. 分子量較大之鹵素。

3. 分子之分支大，如高分子聚合物。

4. 對水溶解性較低之有機物。

5. 原子價數不同者。

註：一般定義 BOD 分解之半衰期大於十五天視為難分解有機物。

5-2　現地生物整治技術 (in-situ bioremediation)

　　現地生物整治是一經由人工添加、植入或利用自然發生的過程，以微生物或細菌將污染物降解或轉移成較低毒性或無毒性的型態，藉此降低污染物之濃度，完成整治作業，不需要開挖在整治過程中對土壤與環境衝擊較小。一般地下水現地生物整治技術示意如圖 5-1 所示。常見的現地生物整治技術種類如表 5-1 所示。

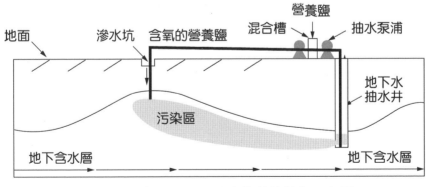

圖 5-1　一般地下水現地生物整治技術示意圖

表 5-1　常見的現地生物整治技術

序號	處理技術	處理摘要
1	生物通氣法 (Bioventing)	將空氣注入非飽和土壤層，或向受污染的含水層添加氧氣以活化現地土壤或含水層中微生物之活動，提高污染物的生物降解速率，藉以促進生物復育的效率。
2	雙相抽除法 (dual phase extraction)	在不飽和土壤層中，將土壤氣體不斷的抽除，造成不飽和層趨向真空的狀態，持續補助整治區之土壤層供氣，產生類似生物通氣法之作用，如此可以加強不飽和層土壤層之生物降解作用。
3	植物整治法 (phytoremediation)	藉由適當的植物吸收土壤中的污染物質，並且可提高微生物在受污染土壤中的活性，支持其持久性的降解能力，故可用於處理低濃度的重金屬或無機陰離子污染。植生復育法可與電動力法組合成整治序列，前者處理淺層土壤中的污染，後者則處理深層。
4	監測式自然衰減法 (monitored natural attenuation/MNA) 自然整治法 (Intrinsic Remediation/IR) 自然衰減法 (Natural Attenuation/NA)	在有利的土壤及地下水環境中，無人為干預而自然發生的衰變現象，進行重金屬質量、毒性、移動性、體積或濃度降解。適用於場址特性需具備適合生物分解之特定條件的土壤及地下水污染整治。

一、生物通氣法(Bioventing)

（一）生物通氣法

　　將空氣注入非飽和土壤層，或向受污染的含水層添加氧氣以刺激現地土壤或含水層中微生物之活動，提高污染物的生物降解速率，藉以促進生物復育的效率。例如：常見的地下水污染物 BTEX 等化學品很容易被好氧微生物作生物降解，是一種常見的生物修復方法。其操作示意如圖 5-2 所示。

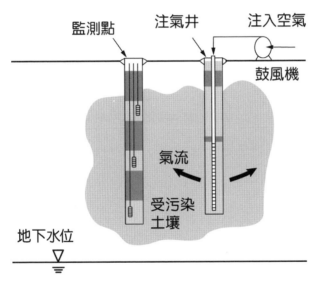

圖 5-2　生物通氣法示意圖

（二）適用性分析

　　適用於修復被石油碳氫化合物、非氯化溶劑、殺蟲劑、木材防腐劑和其它有機污染物污染的土壤，整治期程一般約 6 個月至 2 年。

111

（三）優缺點分析

優點

1. 設備取得容易且安裝容易。

2. 對污染場址運作干擾最小，可運用於不易施作之區域，如建築物下方。

3. 整治費用具競爭性。

4. 易與其它技術結合運用。

缺點

1. 在地面與地下水水位間小於 1 公尺、飽和土壤、低滲透性土壤之環境條件下，會降低處理成效。

2. 土壤水分過低時，可能限制生物降解之作用及其功能。

3. 需評估土壤表面廢氣之排放狀況。

4. 好氧生物降解作用對於含氯化合物可能不具效能。

5. 在某些情況下，修復過程可能會因低溫而減慢。

6. 無法處理重金屬污染，且可能對處理之微生物產生毒害作用。

二、雙相抽除法(Dual-phase Extraction)

（一）雙相抽除法

雙相抽除法又稱為生物漱洗法(Bioslurping)、多相抽除法(Multi-phase extraction)以及真空抽除法(Vacuum-enhanced extraction)，其整治方式主要於污染區土壤上方，挖設一個回收整治井，井中設置泵，由泵抽離、移除土壤或地下水中以不同型態存在的污染物質，其中包括液態之地下水自由相(free product)、溶解相，以及不飽和土壤層中以氣相存

在之揮發性有機物等物質，屬於油、水、氣可同時抽除處理之整治技術。抽除各種型態之污染物，經處理後排放、廢棄或回收。操作示意如圖 5-3 所示。

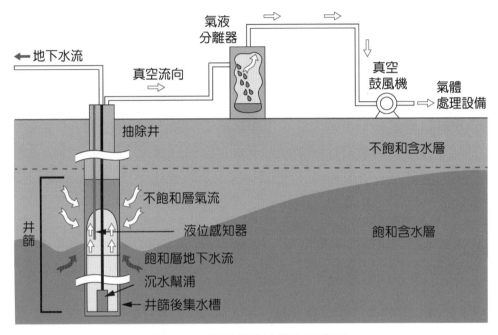

圖 5-3　雙相抽除法操作示意圖

（二）適用性分析

1. 雙相抽除法特別適用於油品類污染之場址，尤其是在自由相之浮油尚未移除之前，並不適合直接利用生物或化學方法進行整治的場址。因此，在污染場址採取多重處理方法併用原則下，針對有浮油層的場址，雙相抽除法往往優先於其它整治程序，被選擇來處理地下環境中之污染物。在系統的設計上，大致可分為單泵與雙泵兩種，單泵與雙泵的差異在於前者採用單一泵同時從回收井中回收浮油與地下水，後者則是一組泵抽取浮油及一組泵抽取地下水同時提供必要的水位洩降。

2. 抽出的污染物，經處理後回收、廢棄或是排放。雙相抽除法在不飽和土壤層中，由於土壤氣體遭不斷的抽，造成不飽和層趨向空的狀態，因為回收井附近之抽氣作用，使得污染區以外之遠方乾淨土壤氣體得以引入，造成通氣氣流之現象，持續補注整治區的土壤層供氣供氧，產生類似生物通氣法之作用，如此可以加強飽和層土壤層之生物降解作用。

3. 雙相抽除法適用於受油品類污染的場址，尤其當自由相的浮油尚未移除之前，並不適合直接利用生物或化學方法進行整治的狀況時。高滲透性的地質特性場址或地下水水位變動較大的區域，雙相抽除法的處理效果不佳。

（三）優缺點分析

優點

1. 在低滲透性之地質特性場址中，整治較有效。

2. 操作空間較小。在有建物或其它地上物之地方，也能輕易施工建置。

3. 較短之處理時間（一般在最適條件下操作約為至 6 個月至 2 年）。

4. 增加污染地下水之抽除速率。

5. 可以應用於有浮油的場址，並且可以結合其它整治技術併行，例如空氣注入法、生物整治法等。

缺點

1. 在高滲透性之地質特性場址中，要達到整治目標所需之經費較高。

2. 在地下水水位變動較大之區域難以處理。

3. 處理抽除之土壤氣體或是分離油、水兩相之經費可能較高。

4. 在地面上，必須設置能夠處理大量地下水的設備。

5. 須有特殊的機器設備以及有經驗的操作及試驗技術。

6. 操作期間需要複雜的操作、控制以及監測計畫。

三、植生復育法(phytoremediation)

（一）植生復育法

　　植生復育法又稱植物整治法或生物整治法，是一種結合陽光、植物與微生物的生態整治技術，藉由適當的植物吸收土壤中的污染物質，提高微生物在受污染土壤中的活性，以維繫其持續之降解能力。植生復育的主要機制有：

1. 植物分解作用(Phytodegradation)

　　植物將所吸收之污染物於植物組織中進行分解，或在根部釋放出分解酶將根部附近的污染物分解成無毒或毒性較小之物質。

2. 植物萃取作用(Phytoextraction)

　　植物根部從土壤中吸取污染物，然後傳輸至植物組織中儲存累積。

3. 植物穩定作用(Phytostablization)

　　植物利用細密的根部，將根部附近之污染物固定，使污染物或是污染土壤減少活動性。

4. 根圈復育作用(Rhizoremediation)

　　植物利用根部分泌化學物質到土壤中，將毒性物質降解成無毒之物質。

5. 植物蒸散作用(Phytovolatilization)

　　將植物吸收之污染物經由植物葉片的蒸散作用稀釋到空氣中。

植生復育法復育主要機制如圖 5-4 所示。

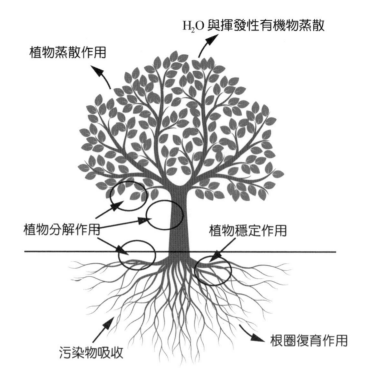

圖 5-4　植生復育法復育主要機制示意圖

（二）適用性分析

1. 近年來植生復育技術已列入超級基金整治場址中，屬有效的現地整治技術之一。

2. 本法已被應用在各類型的污染場址的整治上，如重金屬的污染、有機污染物等。

3. 在許多污染場址整治案例中，植生復育被應用於後期的修復步驟，可接續在前期高濃度處裡單元的後面，或是單獨應用於整治低濃度污染場址，更能顯示植生復育具有經濟性與有效性的整治特性。

4. 成本的花費較一般物理化學處理少，在能源的消耗與加藥量上也較為節省，因此對於現地場址的生態破壞能減至相當低的程度，是屬於同時兼顧效率及永續性的污染整治方式。

（三）優缺點分析

優點

1. 利用植物來整治污染場址，接受度高。現地處理，不需特別場所。
2. 可避免開挖及重機械的使用，對周遭自然環境及資源衝擊最小，可應用於大範圍污染之整治。
3. 運用太陽能源，處理成本較低廉。

缺點

1. 整治場址之水文條件及氣候可能影響植物生長。
2. 高濃度毒性物質對植物生長造成傷害。
3. 植物根部長度限制整治深度。
4. 比其它之處理技術需要更長的整治時間。

四、監測式自然衰減法
(monitored natural attenuation/MNA)

（一）監測式自然衰減法

　　監測式自然衰減法又稱自然整治法(Intrinsic Remediation/IR)，也稱為自然衰減法(Natural Attenuation/NA)，本法乃利用土壤及地下水環境中的物理現象或化學、生物反應過程，如稀釋、蒸發、吸附、延散、微生物代謝等作用，將土壤或地下水中的污染物予以清除或降解的方法。其整治方式如圖 5-5 所示。

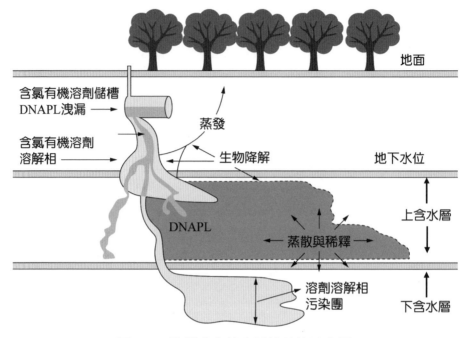

含氯有機溶劑儲槽
DNAPL洩漏

含氯有機溶劑
溶解相

蒸發

生物降解

地面

地下水位

DNAPL

蒸散與稀釋

上含水層

溶劑溶解相
污染團

下含水層

圖 5-5　監測式自然衰減法整治示意圖

（二）適用性分析

　　監測式自然衰減法適用於場址特性需具備適合生物分解之特定條件的土壤及地下水污染整治，才能使含氯有機物藉還原脫氯作用進行生物降解。

（三）優缺點分析

優點

1. 地面設施少，對外界造成的影響亦較少。

2. 視場址狀況及整治目標，自然衰減整治法可以作為特定污染場址之整治方法或是搭配其它的整治技術一起使用。

3. 相較於其它工程整治技術，自然衰減整治法可降低污染整治總成本。

缺點

1. 相較於其它工程整治技術,自然衰減整治法達到整治目標所需之時間較長

2. 由於污染物並沒有真正的移除,其持續存在污染物移動現象,可能會造成污染物在不同介質間轉移。

3. 場址水文或地球化學條件可能隨時間而改變,可能使原先穩定不動的物質,重新開始移動,造成對整治效果不利的影響。

5-3 離地現場生物整治技術 (on-site/ex situ bioremediation)

　　將受污染的土壤或地下水從其原始位置移除,並在不同位置進行處理。污染物被挖掘出來並傳輸到受控的設施或生物反應器進行處理。此種整治技術適用性,一般依據污染物種類、污染深度、污染程度、處理成本和受污染場域的地理位置等進行評估,當污染範圍廣泛、污染場地難以到達或者污染物高度集中時,通常採用這種整治方法。一般地下水離地現場生物整治技術示意如圖 5-6 所示。常見的離地現場生物整治技術種類如表 5-2 所示。

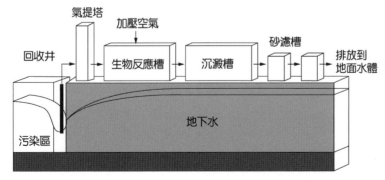

圖 5-6　一般地下水離地現場生物整治技術示意圖

表 5-2　常見離地現場生物整治技術

序號	處理技術	處理摘要
1	土耕法 (land farming)	在地表上將挖出的受污染土壤鋪成一薄層,並利用曝氣、調整 pH 值、添加礦物質與營養鹽、控制水分及翻土等以增強土壤中微生物活性,進而代謝吸附於土壤中的污染物,土耕法廣泛運用於受油品污染的土壤處理上。
2	生物堆法 (Biopiling)	生物堆法是將挖除之受污染土壤與改良劑混合後,堆置於設置有滲出水收集系統與通氣系統之處理區內,並控制土壤之水分、溫度、營養鹽、含氧量與 pH 值,以促進生物降解之作用。此方法經常應用於降低受油品污染土壤之污染物濃度。
3	泥漿相生物降解法 (slurry-phase biodegradation)	藉由將水加入污染場域或生物反應槽內受污染的土壤或污泥中,在供給氧氣的好氧狀況下,利用混合攪拌協助微生物與污染物接觸並進行處理,此技術可單獨使用,或結合其它生物或物化技術以處理污染物。

一、土耕法(land farming)

(一)土耕法

1. 土耕法是一種較大規模的生物整治技術,將挖掘出的受污染土壤沉積在預定深度的襯墊床上,並通過定期翻動或耕作進行曝氣。

2. 操作過程中,對土壤參數(如水分含量、通氣量、pH 值)及土壤膨脹劑、肥料等改良劑進行控制,提供好氧微生物消化的良好環境,以達到污染物降解的最佳化控制。其整治操作示意如圖 5-7 所示。

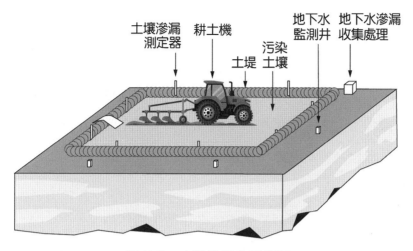

圖 5-7　土耕法操作示意圖

（二）適用性分析

　　土耕法廣泛運用於處理石油污染物，地下貯油槽污染場址中的石油組成，大都可藉由土耕法有效降低其濃度。

1. 較低分子量，較易揮發之油品如汽油，會經由曝氣過程揮發移除，且經由生物降解轉變成更低分子。因此必須控制揮發性有機物(VOCs)之排放，以符合法規要求。控制方法可在 VOCs 進入大氣前便將其匯集捕捉，經由適當的處理程序處理後再排放。

2. 中分子量油品如柴油或煤油，含有較汽油少的揮發性組成，因此中分子石油產物被生物降解移除的量較汽油等顯著。

3. 重油如燃料油或潤滑油則不易在土耕法的曝氣過程中揮發，移除此種石油化合物主要的機制為生物降解，但需花費較長的時間才能被降解移除。

（三）優缺點分析

優點

1. 相對於其它整治技術而言較簡單，設置容易且單位處理成本較低。

2. 理想操作情況之下，平均約 6 個月至 2 年可完成整治工作。

3. 對於有機化合物具有緩慢的生物降解作用。

缺點

1. 受高濃度重金屬土壤污染可能會抑制微生物作用。

2. 揮發性高的物質不是被生物分解，其逸散揮發匯集後需氣狀污染防治設備。

3. 需要較大的土地處理面積。

4. 土耕過程中產生粒狀及氣狀空氣污染物，其濃度必須符合空氣污染防制相關法規。

二、生物堆法(Biopiling)

（一）生物堆法

1. 生物堆法是將挖除之受污染土壤堆置於設有滲出水收集系統與通氣系統之處理區內，控制其水分、溫度、營養鹽、含氧量與 pH 值並與改良劑混合，以促進生物之降解作用。

2. 在處理區地面上，會鋪上一層不透水布，避免因污染物滲出而污染乾淨土壤，處理區產出之廢水經處理後，可回收再利用。

3. 在土堆下方，一般會設置透氣系統及通氣管線，利用真空抽氣或加壓之方式，使氣體能均勻通過受污染土壤。

4. 設置通氣系統之生物堆系統，土堆高度可堆高至 2~3 公尺。土堆上可覆蓋膠布，以控制逕流、蒸發作用、揮發作用及利用日光加熱。

5. 當土壤中揮發性有機物揮發出來，轉為氣相，被抽氣系統抽出，經廢氣處理系統處理後，可排放至大氣。理想情況下，一般整治期程約 6 個月至 2 年。此方法經常被應用於降低受油品污染土壤之污染物濃度。其整治操作示意如圖 5-8 所示。

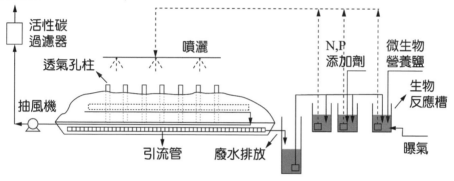

圖 5-8　生物堆法操作示意圖

（二）適用性分析

　　生物堆處理已被證明對燃料碳氫化合物和非鹵化 VOC 有效。該方法也被用於處理受鹵代 VOC 和殺蟲劑污染之土壤。

（三）優缺點分析

優點

1. 相較於其它整治技術，其設計及操作較簡單，整治成本具競爭性。

2. 相較於土耕法其所需土地面積較小。

3. 可設計成循環系統，以控制揮發性氣體的逸散。

1. 污染土壤經挖除後，需先將粒徑大於 60mm 的物質予以分離或處理。

2. 需進行處理可行性試驗(Treatability Testing)，瞭解污染物之生物可降解性，並提供通氣或透氣速率及營養鹽添加量及頻率等操作數據。

3. 相較於泥漿相(Slurry Phase)處理程序，相同處理容量的生物堆法需要較長的整治時間。

4. 添加大量的營養鹽或添加劑會明顯增加處理土壤的體積。

三、泥漿相生物降解法(slurry-phase biodegradation)

（一）泥漿相生物降解法

　　藉由將水加入污染場域或生物反應槽內受污染的土壤或污泥中，在供給氧氣的好氧狀況下，利用混合攪拌協助微生物與污染物接觸並進行處理，此技術可單獨使用，或結合其它生物或物化技術以處理污染物。其於污染場域操作示意如圖 5-9 所示，其生物降解的機制如圖 5-10 所示。

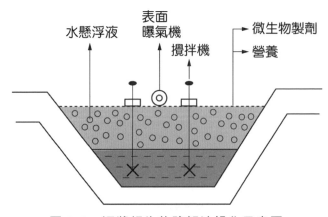

圖 5-9　泥漿相生物降解法操作示意圖

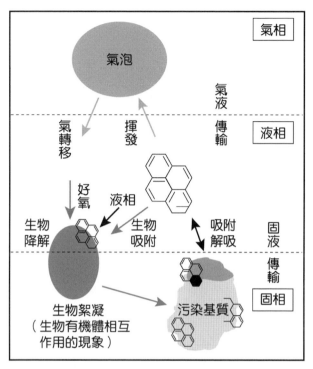

圖 5-10　泥漿相生物降解機制

（二）適用性分析

1. 泥漿相生物降解可處理土壤或污泥中的高濃度溶解性有機物，如農藥、石油、木焦油(creosote)、五氯酚(PCP)、多氯聯苯(PCBs)及鹵化揮發性有機物。

2. 重金屬及氰化物存在時，會抑制微生物之代謝，需進行前處理。

3. 處理效率主要受前處理程度、污染物自土壤顆粒的脫附性、固體濃度、混合程度及停留時間所影響。

4. 泥漿相生物降解處理後，可能衍生逸散性空氣污染及廢水處理等問題。

考 題 練 習

🌱 選擇題

( ) 1. 受有機物污染之土壤若採強制送風法處理時,其主要目的與作用為何? (A)供應氧氣以利生物好氧分解 (B)供應氮氣以利生物厭氧分解 (C)乾燥空氣以利生物分解 (D)供應水分以保持土壤潤濕。

( ) 2. 自然復育法(natural attenuation)為土壤及地下水污染整治技術之一,下列有關此項技術之敘述,何者錯誤? (A)在執行過程中,需要進行環境監測 (B)此項技術為現地處理技術 (C)執行此項技術時,可施加人為因子,藉以加速污染物之降解 (D)生物降解、吸附、揮發、擴散、稀釋等,均為此項技術降解污染物之可能機制。

( ) 3. 有關生物復育的說法,何者錯誤? (A)經過生物復育後,污染土壤能回復土壤的本質,是落實循環經濟之最佳實例 (B)主要型態的生物復育有生物堆法(Bio-pile),其中提升土壤內含水率、含氧量及營養源等 (C)生物降解、吸附、揮發、擴散、稀釋等,均為此項技術降解污染物之可能機制 (D)雖生物復育優點甚多,但其整治過程卻需要較高耗能。

( ) 4. 受污土壤的生物復育場及其暫存場,其作業是透過加強式作為處理受污土方,此處加強式不包括哪個項目? (A)生物堆法 (B)現地化學氧化法 (C)土耕法 (D)生物優植。

( ) 5. 下列對於生物堆法的敘述何者正確? (A)於受污染之土壤上飼養家禽 (B)以生物降解處理污染物 (C)一般整治期程至少要 5 年 (D)利用基因改造生物進行生物降解。

（　）6. 土壤整治方式採用生物堆法，在理想情況下，要多久時間才能完成？　(A)6 個月～2 年　(B)3 年～4 年　(C)4 年～5 年　(D)5 年～6 年。

（　）7. 土壤整治方式中，生物堆法有些限制，下列何者為「錯誤」？(A)污染土壤經挖除後，需先將粒徑大於 60mm 的物質予以分離或處理　(B)不確定對含鹵素原子化合物之固相處理程序是否有效　(C)添加大量的營養鹽或添加劑會明顯增加土壤的體積　(D)不需進行處理可行性試驗。

（　）8. 下列哪個方法可以處理土壤污染中的重金屬？　(A)生物堆法(B)生物通氣法　(C)萃取法　(D)生物曝氣法。

（　）9. 利用生物堆法處理受油品污染的土壤時，需控制某些條件，下列何者「不屬於」其控制條件？　(A)含氧量　(B)pH 值　(C)水分　(D)生物堆厚度。

（　）10. 下列何者不屬於現地(in situ)生物復育技術？　(A)土壤淋洗(Soil flushing)　(B)生物曝氣(Biosparging)　(C)植生復育(Phytoremediation)　(D)自然衰減(Natural attenuation)。

（　）11. 下列各土壤污染整治技術，其處理型式，何項非原地復育？（複選）　(A)土壤蒸氣萃取法(Soil vapor extraction)　(B)生物透氣法(Bioventing)　(C)漿糊相生物復育法(Slurry-phase bioremediation)　(D)土地處分法(Land farming)。

❧ 問答題

一、 何謂土地耕作法（土耕法／land farming）？

（普考／環保行政、環保技術）

二、 請說明何謂雙相抽除法(dual-phase extraction)技術，先說明其適合
應用於何種污染情境（污染物與污染環境），另就不同的土壤環境
條件與不同污染物種類論述該技術的應用效率與其差異之原因。

（高考環保行政）

三、 何謂加強式現地生物復育技術(Enhanced in-situ bioremediation)？

（高考環保技術）

四、 請試述「植生復育」(phytoremediation)之意涵。

五、 受 BTEX 為主之油污染地下水場址中，常存在生物降解作用
(biodegradation)。試回答下列問題： （高考環保行政）

（一）何謂 BTEX？

（二）在生物降解作用進行時，需要電子接受者(electron
acceptor)，請說明地下水中常見電子接受者為何？

（三）試以微生物反應優先利用的前 2 種電子接受者為例，計算
降解地下水中 10 mg/L 甲苯(toluene, $C_6H_5CH_3$)，各需多少
電子接受者(mg/L)。

考 題 解 析

選擇題

1	2	3	4	5	6	7	8	9	10
A	C	D	B	B	A	D	C	D	A
11	12	13	14	15	16	17	18	19	20
CD									

10. 土壤淋洗是現地物化處理整治技術。

11. 土地處分法（土耕法）：以生物降解方式降低石油污染物濃度的現地
整治技術。

問答題

一、 何謂土地耕作法（土耕法／land farming）？ （普考／環保行政、環保技術）

解答

　　土耕法亦稱為土地處理(land treatment)，在地表上將挖出的受污染土壤
鋪成一薄層，並利用曝氣、調整 pH 值、添加礦物質與營養鹽、控制水分
及翻土等動作刺激土壤中微生物之活性，當微生物活性增加後，會代謝吸
附於土壤中的石油污染物，是一個以生物降解石油污染物濃度的離地現場
生物整治技術。

二、 請說明何謂雙相抽除法(dual-phase extraction)技術，先說明其適合
應用於何種污染情境（污染物與污染環境），另就不同的土壤環境
條件與不同污染物種類論述該技術的應用效率與其差異之原因。

（高考環保行政）

解答

（一）雙相抽除法於污染土壤上方，設置回收井，於井中設置泵，以移除土壤及地下水中不同型態的污染物質，包括液態之地下水自由相、溶解相以及不飽和土壤層中氣態之揮發性有機物等物質，屬於油、水、氣可同時抽除處理之整治技術。

（二）抽出的污染物，經處理後回收、廢棄或是排放。雙相抽除法在不飽和土壤層中，由於土壤氣體遭不斷的抽，造成不飽和層趨向空的狀態，因為回收井附近之抽氣作用，使得污染區以外之遠方乾淨土壤氣體得以引入，造成通氣氣流之現象，持續補注整治區的土壤層供氣供氧，產生類似生物通氣法之作用，如此可以加強飽和層土壤層之生物降解作用。

（三）雙相抽除法適用於受油品類污染的場址，尤其當自由相的浮油尚未移除之前，並不適合直接利用生物或化學方法進行整治的狀況時。低滲透性的地質特性場址或地下水水位變動較大的區域，雙相抽除法的處理效果不佳。

三、 何謂加強式現地生物復育技術(Enhanced in-situ bioremediation)？

（高考環保技術）

解答

　　加強式生物復育法(Enhanced Bioremediation)為現地生物復育法的一種，係強化污染場址中現地微生物(indigenous microorganisms)之生長，輔助生物分解作用，能夠有效處理有機污染物，例如油品類污染物。其機制乃利用添加營養鹽、電子供給者、電子接受者或直接增加微生物族群數量的方式，加速土壤及地下水環境中之微生物生長，將土壤、地下水或其它環境介質中之污染物，經由破壞、利用或降解等程序，達到污染分解與濃度降低之功用，最終將污染物轉化為二氧化碳與水等環境可接受物質。

　　當自然生物復育受到營養鹽及可利用電子接受者等因素所限制時，便可以利用加強式生物處理法對污染場址進行整治，此技術是由提供微生物適當環境，如：提供水分、氧氣、營養鹽、控制溫度與 pH 值的方式，創造出一個適合微生物降解的環境，以刺激微生物生長並使其以污染物為食物或能量來源。

四、請試述「植生復育」(phytoremediation)之意涵。

解答

　　植物復育應包括植物穩定法 (Phytostablization) 及植物萃取法 (phytoextraction)。

1. 植物穩定法：依賴植物根部所分泌的物質來和重金屬形成複合物降低溶解性。

2. 植物萃取法：利用植物根部將金屬物吸收，並運送到地上部，再藉由地上部的採收作進一步的處理。土壤中水分的含量可控制其氧化還原狀態，掌握重金屬在土壤中的行為，例如當土壤為淹水狀況時會抑制水稻對鎘的吸收。加強水污染、空氣污染以及廢棄物的管理防治，避免污染物質利用這些途徑再次進入土壤中造成污染範圍的擴大。

五、受 BTEX 為主之油污染地下水場址中，常存在生物降解作用 (biodegradation)。試回答下列問題：　　　　　　（高考環保行政）

　（一）何謂 BTEX？

　（二）在生物降解作用進行時，需要電子接受者 (electron acceptor)，請說明地下水中常見電子接受者為何？

　（三）試以微生物反應優先利用的前 2 種電子接受者為例，計算降解地下水中 10 mg/L 甲苯(toluene, $C_6H_5CH_3$)，各需多少電子接受者(mg/L)。

解答

（一）BTEX 是苯(Benzene)、甲苯(Toluene)、乙苯(Ethyltoluene)及二甲苯
　　　(Xylene)。是原油和石油產品。這些化合物在低濃度下即可引發人類
　　　致癌。積累在土壤中的 BTEX 易混入地下水造成污染。來源包括汽
　　　車，工業設施，各種溶劑，汽油的運輸和儲存活動以及原油運輸過
　　　程中的洩漏。

（二）地下水中常見電子接受者有氧(O_2)及過氧化氫(H_2O_2)。

（三）1. 電子接受者 **O_2**

$$C_6H_5CH_3 + 9O_2 \rightarrow 7CO_2 + 4H_2O$$

$$1:9 = \frac{10}{92} : \frac{[O_2]}{32}$$

$$[O_2] = 31.3 mg/\ell$$

2. 電子接受者 **H_2O_2**

$$C_6H_5CH_3 + 18H_2O_2 \rightarrow 7CO_2 + 22H_2O$$

$$1:18 = \frac{10}{92} : \frac{[H_2O_2]}{34}$$

$$[O_2] = 66.5 mg/\ell$$

CHAPTER

06

特定污染物整治技術

6-1 重金屬污染

　　工業發展迅速，由於對重金屬的使用過度、場址之滲出水、工業廢液與不明廢棄物未依法清理，導致過量重金屬無法為環境所負荷。再加上工業製程所使用原物料、動力的不同，產生廢水的水質與水量極為複雜，尤其是含有重金屬之廢液，一但排入河川後造成水體生態的影響，進一步影響農業灌溉用水及民生用水，若長期飲用含重金屬飲用水會造成累積性的中毒。此外，入滲至土壤後，可能經淋洗而使廢水得以進入地下含水層，造成地下水源的污染，因此，針對重金屬污染特性，需進一步的認知與處理。

一、土壤環境中危害重金屬～汞(Hg)

1. 土壤中汞的來源主要來自鹼氯工廠、塑膠工廠及溫度計等。

2. 環境中的汞有 0 價、+1 價、+2 價三種價態。

3. 汞之化合物有多種，其毒性大小以烷基汞化物之毒性最強，這類化合物常見的有甲基汞、有機汞農藥以及腐植酸結合的汞化合物等；其次為無機鹽汞及金屬汞；再次為芳香族汞化物。

4. 汞的化合物 $HgCl_2$ 和其他含汞鹽類，可在微生物作用下轉化成毒性更強的甲基汞，這就是所謂的汞甲基化作用。日本發生的「水俁病」主要就是由甲基汞所引起的中樞神經汞中毒症。

二、土壤環境中危害重金屬～鎘(Cd)

1. 鎘的來源主要來自電鍍材料、油漆顏料、塑膠工業、電池、照相材料、殺菌劑、汽油、輪胎及鍊鋅廠等。

2. 土壤環境的鎘常以二價 Cd^{2+} 存在，鎘對生物無益，毒性相當高，僅 1mg/L 即可能對生物造成傷害，會引起痛痛病、高血壓及血管方面的疾病。

3. 未受污染的土壤，鎘的含量一般低於 1mg/L，表層土壤一般高於底層土壤，磷肥中普遍含有鎘的元素。

4. 鹼性及還原性強環境的土壤，鎘易形成 $Cd(OH)_2$ 及 CdS 等沉澱物，且可與磷肥料反應生成難溶化合物 $Cd_3(PO)_2$，均可減少鎘之遷移。

5. 氧化還原電位(oxidation-reduction potential; ORP)高的土壤，易形成 $CdSO_4$ 可溶性化合物，會增加鎘的遷移性。因此，乾旱田地作物較易吸收到鎘。

三、土壤環境中危害重金屬～砷(As)

1. 土壤中砷的主要來源來自塗料、紡織、製革工業、清潔劑及農藥（殺菌劑、殺草劑、殺蟲劑）等。

2. 土壤中的砷有+5、+3、0、-3 等四種價態，其中+5、+3 較常見。

3. 砷可和土壤中的 Fe、Al、Na 等離子形成沉澱物而固定下來。通常在較高的 pH 值及較高的氧化還原電位下，可使土壤中的 As 較易被固定下來，因為高 pH 值時，可減少和 As 對土粒吸附的競爭，而高 ORP 下，使砷多以五價砷的砷酸鹽存在，而砷酸在土壤中較安定。

4. 在低氧化還原電位下（如淹水狀態），則以三價砷的亞砷酸鹽占優勢，三價砷在土壤中的毒性較大，其毒性較五價砷為強，對人體而言，亞砷酸鹽之毒性比砷酸鹽大 60 倍以上。

四、土壤環境中危害重金屬～鉛(Pb)

1. 土壤中鉛的來源主要來自礦山排水、鉛蓄電池工廠、電鍍工廠、農藥（砷酸鉛）以及汽油中添加的四乙基鉛抗震劑等。

2. 土壤中的鉛主要以二價的 $Pb(OH)_2$ 及 $PbCO_3$ 的固體形式存在，可溶性鉛的含量極低，尤其在氧化還原電位高的情況。

3. 鉛對土壤中的生物極具毒性，而且有很高的生物濃縮性，進入食物鏈將危害人畜。

4. 一般在高 pH 值以及含磷量和有機質含量高的土壤，其鉛污染可形成氫氧化物或磷酸鹽類沉澱物及吸附作用等而被固定在土壤中，可大大減少 Pb 的遷移性和被植物的吸收度。

五、土壤環境中危害重金屬～鉻(Cr)

1. 土壤中鉻的來源主要來自金屬鍍鉻、顏料、染料以及鞣製皮革等。

2. 一般以三價和六價存在，其中六價鉻之毒性遠高於三價鉻。

3. 鉻所引起的疾病有肺癌及皮膚過敏等。一般在 ORP 較低如淹水狀態的土壤環境，六價鉻易被還原成三價鉻沉澱物，而被固定在土壤中，如此即可減低鉻的遷移性、植物吸收和污染程度。

4. 土壤中若有帶正電的膠體粒等，即可吸附六價鉻，而減低其遷移性。因此，帶負電荷超高的土壤礦物，鉻污染會較嚴重。

6-2 重金屬污染整治技術

一、客土法

　　土壤受污染後，不像空氣污染或水污染流動很快，且土壤體積龐大，搬運不易，清除較困難，客土法為目前較常使用的方法，國內受低濃度重金屬污染之土壤大都採取此法處理，但客土法需花費相當大的人力、時間和能量去搬運土壤。客土法的種類說明如下：

1. **上層客土法**：係在污染的土壤上覆蓋乾淨的土壤。

2. **排出（土）客土法**：係將污染的土壤全部挖除，並回填上乾淨的土壤。

3. **翻土法**：係將底層乾淨的土壤與上層污染的土壤轉換對調，藉以稀釋土壤中污染物質的濃度。適用在污染濃度不高的土壤。

4. **翻轉稀釋法（翻轉混合稀釋法）**：為補入乾淨的土壤，並與少量污染土壤攪拌後置於上層的方法。

　　客土法其操作簡易原理與施工前後比較如圖 6-1 所示。

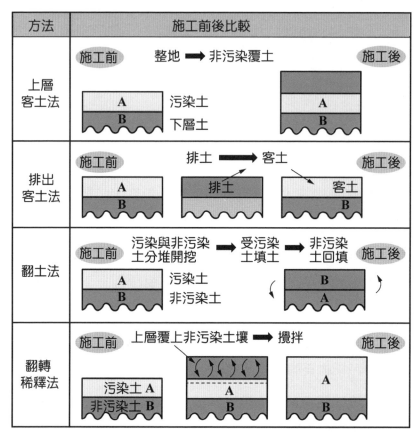

圖 6-1　客土法種類及操作簡易原理

二、耕犁工法

　　為避免一般民眾誤會土壤或農地受污染改善只是將深層乾淨土壤翻到表層，而污染土壤則埋到深層。行政院環境部改良翻土法與翻轉稀釋法將翻轉稀釋法正名為耕犁工法。

　　耕犁工法聽起來像是種田的一種方法，它可是我國目前在整治受污染農地、土壤最常見的一種方法，類似農地種植作物前，會翻動土壤的動作，用在土壤污染改善上，就是將土壤底部乾淨的土壤或者是從其它

地方運送的乾淨土壤，與原先受到污染的土壤進行混合攪拌，達到污染物濃度降低的過程，稱為耕犁工法，其操作如圖 6-2 所示。

　　此法常用於受到重金屬污染較不嚴重的農地或土壤上，讓重金屬污染物濃度降低至符合法規之限值。是一種簡便、節省經濟又有改善成效的方法。

❶ 先以挖土機開挖土壤至預定深度，堆置現地進行曝曬、風乾與翻堆

❷ 乾燥後使用挖土機進行混合，大型土塊以挖土機挖斗予以壓碎或碾碎

❸ 多次稀釋或混合，以逐漸稀釋至預定目標

❹ 再回填作業，鏟裝機操作時將鏟土斗舉高使土壤垂直落下，產生再次混合與分散之效果

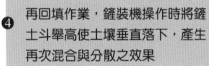

❺ 經確認已達預定效果後，即分層以挖土機整地並以滾壓機壓實

圖 6-2　耕犁工法操作示意圖

三、重金屬污染場址現地與離地整治技術

（一）現地整治技術

　　重金屬污染場址於現地進行污染改善之整治技術，其對土壤或地下水之適用性、處理技術摘要等，彙整如表 6-1 所示。

表 6-1　重金屬污染場址現地整治技術摘要說明

序號	處理技術	土壤	地下水	處理摘要
1	電動力法	✔	✔	電動力整治技術可以現地或離地方式應用，適用於飽和與不飽和層土壤，處理重金屬與無機陰離子污染物。
2	現地生物整治法	✔	✔	現地生物整治法利用植物根部所分泌的物質來和重金屬形成複合物以達降低溶解的功能。
3	監測式自然衰減法	✔	✔	在有利的土壤及地下水環境中，無人為干預而自然發生的衰變現象，進行重金屬質量、毒性、移動性、體積或濃度降解。
4	土壤淋洗法	✔		將淋洗液直接灌注或噴灑在無開挖的土地上，經由重力的入滲將土壤中的重金屬淋洗至含水層中，進入到含水層中的溶離液再抽取至地面處理，處理後之地下水再回注入地下或排放。
5	植物整治法	✔		植生復育法藉由適當的植物吸收土壤中的污染物質，並可提高微生物在受污染土壤中的活性，支持其持久性的降解能力，故可用於處理低濃度的重金屬或無機陰離子污染。植生復育法可與電動力法組合成整治序列，前者處理淺層土壤中的污染，後者則處理深層。

表 6-1　重金屬污染場址現地整治技術摘要說明（續）

序號	處理技術	土壤	地下水	處理摘要
6	添加土壤劑改良法	✔		應用土壤改良法是改變土壤的物理、化學或生物特性，間接限制污染物的暴露途徑（例如土壤覆蓋），或降低生物的可利用性（例如改變土壤質地、有機質、pH 值、陽離子交換容量(CEC)）等。
7	玻璃化法	✔		污染物於高於 1000℃之處理技術，是以電能轉變成熱能的物理方法，將土壤中污染物質破壞分解或固定於成玻璃狀的矽酸鹽物質中，以降低污染物的移動性。
8	反應帶整治法		✔	反應帶整治法是現地整治技術，利用微生物或化學藥劑，將污染物降解、轉化或沉澱，降低重金屬的毒性或侷限污染物的移動。
9	滲透性反應牆法		✔	屬於長期的整治技術並可於短期發揮成效，可利用好氧或厭氧環境下的生物作用、吸附或沉澱方法去除無機陰離子，或以零價鐵還原地下水中的重金屬。
10	地下水抽出及處理法		✔	抽出及處理法是應用普遍、發展成熟的技術，兼具污染物去除與水力控制的功能，抽出的地下水經由物理、化學或生物技術加以處理，達到污染物去除的整治目的。

（二）離地整治技術

　　重金屬污染場址於離地進行污染改善之整治技術，其對土壤或地下水之適用性、處理技術摘要等，彙整如表 6-2 所示。

表 6-2　重金屬污染場址離地整治技術摘要說明

序號	處理技術	土壤	地下水	處理摘要
1	土壤清洗法	✔		將土壤挖除後，利用水與清洗劑將附著於土壤顆粒上含重金屬種染物與土壤分開，再處理含污染物的廢水，最後再將處理的土壤回填或運至掩埋場掩埋。
2	開挖及離場處理法	✔		將現場受污染的土壤，經確認污染體積及濃度後，以開挖設備將受污染土壤直接由現地挖除，並運送至離地處理單元進行處理；或經中間處理達標準後後，運送至合乎規定之掩埋場進行最終處置。
3	高溫熱脫附法	✔		熱脫附系統將污染物自土壤中分離出來，在熱脫附室將受污染加熱至 320℃至 560℃，將水分、有機物及部分金屬揮發，藉著氣流或真空系統將揮發後的水分及污染物送入廢氣處理系統。
4	固化／安定化法	✔		可處理重金屬與無機陰離子，若考量經濟效益，固化／安定化法適用於高污染、低數量的受污染土壤。一般會與具減量成效的前處理方法組合，其後處理則依廢棄物最終處置方式處理。

6-3　加油站油品污染

　　土壤污染項目以總石油碳氫化合物(TPH)最普遍，苯、甲苯、乙苯次之，地下水污染項目則以苯最常見。加油站地下儲槽防漏之監測，可經由設置測漏管，利用儀器檢測漏管油氣濃度，研判儲油槽是否有洩漏。至於加油站間地下水是否遭受污染之判定方式，一般是在地下儲槽

外周圍設置標準地下水監測井，分析監測水井內水質中之苯、甲苯、乙苯、二甲苯(BETX)之濃度與管制限值比較來評析洩漏情形。

一、加油站油品可能洩漏源分析

（一）卸油口及卸油管線

卸油口及卸油管線附近常因卸油溢滿或卸油處理不當造成污染，卸油管線如發生銹蝕，卸油過程中亦將造成油品洩漏。

（二）油槽

國內加油站每座大都配置 4 至 5 個地下油槽，深度大都位於地下 5 公尺內；除有卸油管線連接卸油口外，亦有輸油管線連接加油機，油槽設有人孔，供站方以油尺進行人工量油、緊急情況時抽油或日常維護用。測漏管大都設於儲槽區，以監測油槽旁土壤氣體。

（三）輸油管線

輸油管線大都位於地下 1 公尺內，連接油槽與加油機，一旦管線接合處發生鬆脫現象，將造成油品洩漏。以往調查資料顯示管線區污染潛勢較高，如欲確實掌握加油站污染潛勢，對輸油管線經過區域之調查工作將不可忽視。

（四）加油島

加油島為加油機設置區域，地下亦有輸油管線經過，其連接加油機之接點為最易發生洩漏之區域。

加油站油品可能洩漏源示意如圖 6-3 所示。

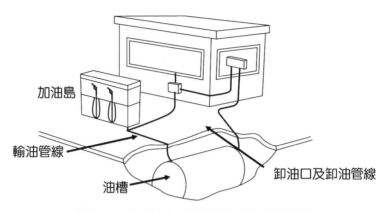

圖 6-3　加油站油品可能洩漏源示意圖

加油島

輸油管線

油槽

卸油口及卸油管線

二、油品在土壤與地下水中之傳輸

　　當油品洩漏至土壤中時，首先會藉由重力作用沿著未飽和層土壤之孔隙向下溢散，除部分被吸附或捕捉外，其餘油團會受重力作用繼續向下沉降，並由高濃度往低濃度移動，也會藉由毛細作用向上擴散。當到達飽和層的水面後，除了部分溶於水中形成一個污染團(plume)外，大部分是以浮油的方式存在。亦即石油碳氫化合物進入土壤後會以下列四種形式存在：

1. **蒸氣相**：存在於非飽和層的土壤孔隙中。

2. **吸附相**：以液態的型態直接吸附在土壤顆粒的表面。

3. **溶解相**：溶解於土壤水或地下水中。

4. **不溶解相或輕質非水溶液相(LNAPL)**：存在於土壤飽和層之水面上。

三、油品污染對土壤之影響

（一）輕質油品污染

　　土壤若受輕質油品（汽油、燃料油）污染時，因碳數較低易形成揮發性有機氣體(VOC)，此種氣體可在土壤孔隙中傳播，甚至浮出地表經光分解形成具毒性之水溶性苯或二甲苯。

（二）重質油品污染

　　土壤若受重質油品（柴油及原油）污染時，因重力而滲入土壤被吸附於土粒表面，隨吸附時間越長，當油品之重量大於土壤吸附能力時，會脫附而流入地下水中，造成地下水污染。

　　因油脂為疏水性，會附著於土壤孔隙中，阻隔水分及養分之傳輸，使土壤變成還原狀態，進而影響土壤微生物的呼吸作用。土壤一旦形成還原狀態後，所產生的硫化物，不但會危害植物，造成土壤中有機碳、鐵、錳及鉀等增加外，硝酸態氮則有減少之趨勢，而 C/N 比值及微生物群數則比正常土壤為高。

四、油品污染對水體之影響

　　油品污染對水體的影響主要包括地表水及地下水兩部分。

（一）地表水方面

　　當油品洩漏進入地表水後，會產生擴散、蒸發、溶解、氧化、乳化及降解等過程，加上油的密度比水小，會在水體表面形成一層浮油，降低水體中氧氣的傳輸及光線的穿透力，阻礙藻類及水生植物之光合作用與魚貝類等水中生物的生長。

（二）地下水方面

地下飽和含水層中油品的主要來源為存在土壤孔隙中之油品，經由重力及毛細管作用，沿著地下水流向經由垂直或水平傳輸到達地下水面。由於油品多為非水溶液相，且具有低溶解度及高表面張力之特性，造成地下水污染整治時之困擾。

五、油品污染對人體之影響

油品污染物會經由呼吸與皮膚接觸進入人體，而增加人體健康風險。油品影響人體健康主要有兩種成分。

（一）脂肪族碳氫化合物

會讓人產生頭痛、反胃、過敏及神經受損，甚至藉呼吸系統吸入後形成肺泡及細胞膜損傷等症狀。

（二）芳香族碳氫化合物

讓人造成貧血、白血球減少、骨酪細胞損傷等症狀。此外，BTEX與 MTBE 也被列為致癌之毒性物質。

六、加油站油品污染整治方法

加油站污染整治法，在僅有土壤污染時，主要以開挖處理的排土客土法、土壤氣體抽除法、生物通氣法等為主；當存在有地下水污染時則另搭配現地化學氧化法、抽出處理法、空氣注入法等。

當加油站場域污染更嚴重而有浮油時，則搭配浮油回收、多相抽除法等技術。整治期較長之生物復育、自然衰減法等因無法配合環保單位要求之整治期限所以較少使用。

6-4 含戴奧辛污染整治技術

一、戴奧辛人為污染源分析

戴奧辛主要經由燃燒產生，所以來源廣泛；大氣中的戴奧辛／呋喃 (PCDD/Fs)之來源主要為人類活動而產生，包括發電或製造能源、金屬冶煉與化學製造、其它高溫排放源與廢棄物焚化等。簡述如下：

（一）特定工業製程的燃燒

1. 金屬冶煉、燃煤或燃油發電廠、能源工業等高溫製程。

2. 廢棄物焚化、火葬場等含氯有機物之燃燒排放。

（二）工業原料製程副產物

1. 含氯酚類化合物製造。

2. 紙漿加氯消毒漂白過程。

3. 農藥、工業及家庭用、清潔劑、殺蟲劑等製程。

（三）移動性污染源

汽、柴油交通工具所產生的廢氣中。

（四）露天燃燒行為

露天燃燒垃圾、廢五金、廢電纜、農業廢棄物、香菸、鞭炮等。

中石化臺鹼安順廠利用水銀電解法電解食鹽水以製造鹼氯，經由污泥及廢水排放，造成鹿耳門附近地區的底泥受到具有毒性的汞污染（汞中毒）。除此之外，製造農藥、除草劑及木材防腐劑之五氯酚鈉時會產生戴奧辛，廠區存放的五氯酚鈉長期受到雨水沖刷，使得廠區之土壤及地下水遭到五氯酚及戴奧辛污染。造成危害重的嚴重環境污染事件。

二、戴奧辛污染物特性與危害

　　戴奧辛主要由含氯物質高溫生成的，具抗熱穩定性、抗酸鹼、抗氧化性等因素，使得戴奧辛十分穩定，在自然環境中非常難以被分解且容易進入食物鏈。此外，人體代謝戴奧辛的速度也很慢，預期「半衰期」約為 7~11 年，也就是即使之後都未再攝入戴奧辛，也要花 7~11 年才能使體內戴奧辛的濃度降低到約中毒時的一半。

　　戴奧辛中毒最明顯的症狀是會造成氯痤瘡，其它還有肌肉或關節疼痛、分泌系統及免疫系統傷害。另外，戴奧辛也被認為是一種環境賀爾蒙，可能造成畸胎性；而戴奧辛也被國際癌症研究機構 IARC 分在第一類致癌物（實驗證據最充分的類別），認為此物質與軟體組織惡性瘤、惡性淋巴瘤的發生有關。

三、土壤受戴奧辛污染處理技術

　　傳統處理戴奧辛污染之方法為高溫熱處理法，當整治標準較低時常結合熱脫附法將戴奧辛由土壤中揮發出來，再利用溫度達 1000℃熱處理技術處理。

　　此外，常見戴奧辛整治技術有土壤洗淨法、化學處理法、生物整治法、電動力法等。

考 題 練 習

❦ 選擇題

( ) 1. 何種污染物進入土壤中會有形成生物濃縮累積的作用？　(A)重金屬　(B)有機糞尿　(C)酸鹼化合物　(D)鹽分。

( ) 2. 民國七十一年（1982 年）桃園縣觀音鄉大潭村之高銀化工廠，沒有做好污水處理工作，產生的廢水就近排入灌溉渠道中，以致附近農田受到廢水中何種重金屬的污染，揭開了我國稻米污染事件的序幕？　(A)鎘　(B)鉛　(C)汞　(D)銀。

( ) 3. 土壤中的微生物可將何種重金屬轉化為毒性更強的金屬有機化合物？　(A)鎘　(B)鉛　(C)汞　(D)砷。

( ) 4. 三價砷在土壤中的毒性較五價砷為　(A)小　(B)一樣　(C)無法比較　(D)大。

( ) 5. 土壤中的鉛主要以　(A)二價　(B)三價　(C)四價　(D)五價的固體形式存在，可溶性鉛的含量極低。

( ) 6. 三價鉻在土壤中的毒性較六價鉻為　(A)小　(B)一樣　(C)無法比較　(D)大。

( ) 7. 添加化學物質以降低污染土壤中重金屬的活性，通常不會使用下列何項藥劑？　(A)磷酸鹽　(B)氯化氫　(C)硫化物　(D)石灰。

( ) 8. 下列何種類型的汞(Hg)在污染土壤後造成的危害最大？　(A)甲基汞　(B)硫化汞　(C)氫氧化汞　(D)汞。

( ) 9. 土壤中的戴奧辛污染，主要經過何種途徑影響人體的健康？(A)灌溉水污染　(B)空氣擴散　(C)食物鏈系統　(D)土壤流失。

（　）10. 為了改善土壤，從別處移來與原來性質不同之土壤的方法稱為
(A)客土法　(B)買土法　(C)借土法　(D)燒土法。

（　）11. 利用「排土客土法」處理受重金屬污染的土壤，主要優點為
何？　(A)花費最少　(B)無二次污染　(C)污染土不需處理
(D)時程迅速。

（　）12. 按地下儲槽系統防止污染地下水體設施及設備設置管理，係依
據下列何項法規之授權所訂定？　(A)水污染防治法　(B)石油
管理法　(C)土壤及地下水污染整治法　(D)災害防救法。

（　）13. 下列何者是農田土壤受重金屬污染後最普遍使用之整治方法？
(A)全面挖除被污染土壤，搬到他處處理除污完畢再運回　(B)
以機械將表層污染土壤與下層未受污染土壤上下充分混合
(C)藉由萃取劑淋溶、洗出等作用帶走或稀釋　(D)以植生萃
取。

（　）14. 下列何種方法無法復育受重金屬污染之土壤？　(A)反轉耕法
(B)低溫熱提法　(C)生物去除法　(D)客土與排土客土法。

（　）15. 對於因 LNAPL(light non aqueous phase liquid)所造成之地下水
污染，下列敘述何者正確？　(A)污染物之揮發性低　(B)不會
有自由相(free phase)之存在　(C)污染物將下沉於水面下，致
不易找出污染團之正確位置　(D)隨著地下水擴散迅速，應盡
速加以處理。

（　）16. 甲基第三丁基醚(MTBE)為油品中常用之添加物，當地下油管
破裂時，為避免 MTBE 迅速擴散，應優先針對下列何種環境
介質加以處理？　(A)空氣　(B)地下水　(C)土壤　(D)三者同
等重要。

( ) 17. 受有機物污染之土壤若採「強制送風法」處理時,其主要目的
與作用為何? (A)供應氧氣以利生物好氧分解 (B)供應氮氣
以利生物厭氧分解 (C)乾燥空氣以利生物分解 (D)供應水分
以保持土壤潤濕。

( ) 18. 加油站漏油會造成土壤及地下水污染,可能造成加油站漏油之
原因為何? (A)油槽至加油島間接頭漏油造成 (B)加油島加
油不慎漏油 (C)油槽至加油島間管線破裂造成漏油 (D)以上
皆是。

( ) 19. 下列何者「不適合」作為農地重金屬污染之改善方法? (A)
土壤翻土混合稀釋法 (B)酸洗法 (C)客土法 (D)自然衰減
整治法。

( ) 20. 受重金屬污染的土壤,不適合使用那個整治技術? (A)蒸氣
萃取法 (B)氧化還原法 (C)土壤淋洗法 (D)生物處理法。

問答題

一、 試說明農地重金屬污染的來源、傳輸途徑、對人體健康的影響及
管理管制策略。 (高考三級/環保行政)

二、 針對油品洩漏的場址,如果土壤和地下水均受到石油碳氫化合物
之污染,請說明進行整治技術的篩選前,需要進行的工作為何?
針對石油碳氫化合物污染之土壤,請列舉三種常用的物理處理技
術。針對石油碳氫化合物污染之地下水,請列舉三種常用的物理
處理技術。

三、針對整治重金屬污染之土壤，試回答下列問題：

（一）臺灣地區最常用重金屬污染農田土壤整治之工程技術方法，為排土客土法或翻轉稀釋法，請問方法為何？各有何待解決問題？

（二）試述重金屬污染農田土壤整治之化學清洗法，其原理、優缺點為何？

（三）承上題，請列出常用的清洗劑三種。

（地方特考／環保行政）

考 **題** 解 **析**

選擇題

1	2	3	4	5	6	7	8	9	10
A	A	C	D	A	A	B	A	C	A
11	12	13	14	15	16	17	18	19	20
D	A	B	B	D	B	A	D	D	A

問答題

一、 試說明農地重金屬污染的來源、傳輸途徑、對人體健康的影響及管理管制策略。

(高考三級／環保行政)

解答

（一） 來源：相關產業產生的廢水或廢棄物不當排放，或石化業及廢五金燃燒產生的排煙及落塵等。

（二） 傳輸途徑：多數是藉由灌溉系統傳輸，缺水地區灌溉使用回歸水，其組成幾乎是以廢水為主；另外還有工廠及汽車廢氣排放，藉由擴散、沉降等機制落於農地上。

（三） 對人體健康影響：

鎘：對腎臟及骨骼造成危害。

汞：對神經系統造成危害。

鉛：對男性生殖系統及幼兒智力造成危害。

（四） 管理管制策略：

1. 源頭防止－從源頭落實重金屬相關污染物質的監測標準，運用環境法的預警原則與機制在整治的源頭示警上。

2. 獎勵業者研發更潔淨的生產技術及污染物含重金屬整治科技，此外，政府建立更完善的資源回收系統等。

3. 污染事件確立後，先阻止源頭污染繼續流布後，再進行整治工作。

二、針對油品洩漏的場址，如果土壤和地下水均受到石油碳氫化合物之污染，請說明進行整治技術的篩選前，需要進行的工作為何？針對石油碳氫化合物污染之土壤，請列舉三種常用的物理處理技術。針對石油碳氫化合物污染之地下水，請列舉三種常用的物理處理技術。

解答

（一）整治技術的篩選前，需要進行的工作
　　　1. 石油碳氫化合物對土壤及地下水污染之調查。
　　　2. 石油碳氫化合物的污染來源及污染特性。
（二）加油站污染整治技術
　　　1. 土壤污染時，主要以開挖處理的排土客土法、土壤氣體抽除法、生物通氣法等為主。
　　　2. 地下水污染時，主要以抽出處理法、空氣注入法、現地化學氧化法等。

三、針對整治重金屬污染之土壤，試回答下列問題：
　　（一）臺灣地區最常用重金屬污染農田土壤整治之工程技術方法，為排土客土法或翻轉稀釋法，請問方法為何？各有何待解決問題？
　　（二）試述重金屬污染農田土壤整治之化學清洗法，其原理、優缺點為何？
　　（三）承上題，請列出常用的清洗劑三種。　　（地方特考／環保行政）

解答

（一）1. 排土客土法：包括排土及客土兩個步驟。
　　　　(1) 排土：將受污染的表土移出污染場地。

(2) 客土：將別處未受污染的土壤運來覆蓋在已挖除的受污染土壤原地上。

(3) 待解決問題：挖取後之受污染表土仍需加以處理、客土用之新鮮土壤 有其特性限制、填方須向外地購買。

2. 翻轉稀釋法：

(1) 將受污染的表土與下層未受污染的裡土挖出加以混合，使原本表土中污染物的濃度或量透過稀釋達到標準的方法。

(2) 待解決問題：土壤污染程度高時不適用、污染物仍存在於土壤中。

（二）土壤整治之化學清洗法

1. 原理：利用重金屬與化學溶劑的親和力或其在適當 pH 值範圍內溶解度，將重金屬由土壤中抽取至溶液內。

2. 優點：無需花費龐大金額在建立收集與分配系統，可因此節省處理成本。

3. 缺點：需耗用的水量大、處理效果受土壤本身的特性及重金屬的種類影響大、處 理費用高。

（三）常用的清洗劑有水、酸或鹼溶液、螯合劑等。

CHAPTER

07

土壤及地下水污染整治策略

　　一般研擬土壤及地下水整治計畫時，工程顧問公司往往專注於場址特性、污染物特性及濃度、整治目標、整治經費（含設置、操作、維護）及技術成熟度等；而污染行為人或土地關係人則著重在整治所需時程、經費及土地未來用途，尤其當污染場址的土地價值看好，再開發利用具吸引力，希望能儘速完成整治作業以解除列管，但相對可能要花費巨額整治費用。因此，工程顧問公司應協助業主於經費與時程兩大因素平衡考量下，規劃出最佳化之整治技術組合，以順利達成整治目標；環保主管機關另需因應健康風險及民眾接受度等因素要求檢討修正整治工法，理性務實地提升土地整治的成本有效性，解決環境問題並獲取更高的土地價值。整治決策考慮因素環環相扣，惟有透過全盤縝密的評估，方能擇定污染整治最適方案。

 ## 7-1　土壤與地下水污染判定流程及管制策略

　　土壤與地下水污染判定與管制流程，由發現場址、查證直至解除列管之簡要說明，如圖 7-1 所示。

一、土壤與地下水污染判定流程

（一）發現場址及查證

　　各級主管機關對於有土壤或地下水污染之虞之場址，應即進行查證，如發現有未依規定排放、洩漏、灌注或棄置之污染物時，各級主管機關應先依相關環保法令管制污染源，並調查環境污染情形。

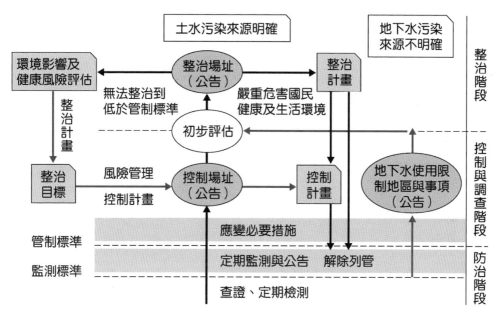

圖 7-1　污染場址判定與管制流程圖

（二）控制場址

　　土壤污染或地下水污染來源明確之場址，其土壤或地下水污染物濃度達土壤或地下水污染管制標準者，所在地主管機關應公告為土壤、地下水污染控制場址（以下簡稱控制場址）。

（三）控制計畫

　　控制場址未經公告為整治場址者，所在地主管機關得依實際需要，命污染行為人提出污染控制計畫，經所在地主管機關核定後實施。上述控制場址之土壤或地下水污染控制計畫實施後，如土壤或地下水污染物濃度低於土壤或地下水污染管制標準時，得向所在地主管機關申請解除控制場址之管制並公告之。

（四）初步評估及處理等級評定

按環保署公告之〈土壤及地下水污染場址初步評估暨處理等級評定辦法〉，初步對土壤、地下水污染控制場址進行污染影響潛勢評估。控制場址進行初步評估後，具有下列各款情形之一者，直轄市、縣（市）主管機關應報請中央主管機關審核後公告為整治場址。

1. 場址污染影響潛勢評估總分(TOL)值達一千二百分以上。

2. 其它經中央主管機關指定公告重大污染情形。

直轄市、縣（市）主管機關於公告控制場址後，以四十五日內完成初步評估並送中央主管機關審核為原則。

註：場址污染影響潛勢評估：指進行土壤污染途徑影響潛勢評分及地下水污染途徑影響潛勢評分。

（五）整治場址環境影響健康風險評估

依〈土壤及地下水污染整治場址環境影響與健康風險評估辦法〉進行風險評估，風險評估包括環境影響風險評估與健康風險評估。控制場址符若因地質條件、污染物特性或污染整治技術等因素，污染物無法整治至低於管制標準者，可報請中央主管機關核准後，依環境影響與健康風險評估結果提出污染整治目標。依污染整治目標所訂定之整治計畫，於達成整治目標後，應依實際狀況提出風險管理方式及控制計畫，始得解除整治場址列管，並維持控制場址列管及定期查核整治目標內容。

（六）整治場址

控制場址經初步評估後，有危害國民健康及生活環境之虞時，所在地主管機關應報請中央主管機關審核後公告為土壤、地下水污染整治場址（以下簡稱整治場址），並於中央主管機關公告後七日內將整治場址列冊，送各該直轄市、縣（市）政府、鄉（鎮、市、區）公所及地政事務所提供閱覽。

（七）整治計畫

　　整治場址之污染行為人應依《土污法》第十二條之調查評估結果，訂定土壤、地下水污染整治計畫，經所在地主管機關審查核定後據以實施；所在地主管機關應將核定之土壤、地下水整治計畫報請中央主管機關備查，並將計畫及審查結論摘要公告。

（八）地下水受污染使用限制地區

　　主管機關依《土污法》第十二條第一項進行場址查證時，如場址地下水污染濃度達地下水污染管制標準，但污染來源不明確者，所在地主管機關應公告劃定地下水受污染使用限制地區及限制事項，並依第十五條規定採取應變必要措施。

（九）應變必要措施

　　所在地主管機關為減輕污染危害或避免污染擴大，應依控制場址或整治場址實際狀況，依《土污法》第 15 條採取下列應變必要措施：

1. 命污染行為人停止作為、停業、部分或全部停工。
2. 依《水污染防治法》調查地下水污染情形，並追查污染責任；必要時，告知居民停止使用地下水或其它受污染之水源，並得限制鑽井使用地下水。
3. 提供必要之替代飲水或通知自來水主管機關優先接裝自來水。
4. 豎立告示標誌或設置圍籬。
5. 通知農業、衛生主管機關，對因土壤污染致污染或有受污染之虞的農漁產品進行檢測。必要時，應會同農業、衛生有關機關進行管制或銷燬，對銷燬之農漁產品予以相當之補償。必要時，限制農地耕種特定農作物。

6. 疏散居民或管制人員活動。

7. 移除或清理污染物。

8. 其它應變必要措施。

（十）解除列管

　　土壤、地下水污染控制計畫或污染整治計畫之實施者，應於土壤、地下水污染整治完成後，將其整治完成報告報請所在地或中央主管機關核准。所在地或中央主管機關為前項核准後，依《土污法》第 26 條應辦理下列事項：

1. 公告解除控制場址或整治場址之管制或列管，並取消閱覽。

2. 公告解除或變更土壤、地下水污染管制區之劃定。

3. 囑託土地所在地之登記主管機關塗銷土地禁止處分之登記。

二、列管場址類型

　　《土壤及地下水污染整治法》列管場址類型包括：

1. 採取應變必要措施。

2. 控制場址。

3. 整治場址。

4. 受污染限制使用地區。

　　各類場址法源依據、認定原則等規定如表 7-1 所示

表 7-1　列管場址類型相關規範

列管場址 類型	採取應變 必要措施	控制場址	整治場址	受污染限制 使用地區
法源依據	《土污法》第7 條第5項	《土污法》 第12條第2 項	《土污法》第 12條第3項	《土污法》 第27條
場址類型認 定原則	1.受污染而有影 響人體健康、農 漁業生產或飲用 水水源之虞者。 2. 執行期限以十 二個月為限，必 要時得展延一 次，期限不得超 過六個月。	1.污染來源明 確，污染物 濃度達管制 標準者。 2. 採取應變 必要措施， 場址改善期 限屆滿仍可 完成改善場 址。	控制場址經初步 評估後，有危害 國民健康及生活 環境之虞時，所 在地主管機關應 報請中央主管機 關審核後公告 場址。	地下水達管 制標準，但 污染來源不 明確者。
是否正式公 告	否	是	是	是
土地是否禁 止處分	否	否	是	否
是否需提送 審查計畫書	依所在地主管機 關而定	是	是	依所在地主 管機關而定
計畫書名稱	應變措施計畫	污染控制計 畫書	污染調查及評估 計畫／污染整治 計畫	應變措施計 畫

7-2 土壤及地下水污染整治基金

一、土污基金的成立

　　基於土壤及地下水污染場址應變與處理之迫切性，並考量國內社會經濟與環境狀況，環境部參考美國超級基金(Superfund)相關制度，成立土污基金，並依據《土污法》第 28 條規定，針對指定公告之物質依其產生量及輸入量，向製造者及輸入者徵收土壤及地下水污染整治費（以下簡稱整治費），做為土污基金主要來源之一。土污基金性質為財源籌措，專款專用於污染發生後之應變、控制、整治及求償等工作，並成立基金管理會負責基金管理、運用等事宜。

二、土污基金的來源

　　依《土污法》第 29 條，土污基金來源如下：

1. 土壤及地下水污染整治費收入。

2. 污染行為人、潛在污染責任人或污染土地關係人依第 43 條、第 44 條規定繳納之款項。

3. 土地開發行為人依第 51 條第 3 項規定繳交之款項。

4. 基金孳息收入。

5. 環保部循預算程序之撥款。

6. 環境保護相關基金之部分提撥。

7. 環境污染之罰金及行政罰鍰之部分提撥。

8. 其它有關收入。

7-3 污染土地再利用與法律相關人責任

一、污染土地再利用

　　隨著工商產業發展與變遷，以及民眾環保意識抬頭，世界各國對於土地規劃與利用已逐漸朝向環境保護與永續利用的觀點邁進。環境部除持續積極執行污染改善與場址管理外，亦研議我國「污染土地再利用政策」，使場址能夠盡速恢復環境與經濟價值。因此，受污染的土地不再停留於單純污染改善思維，可進一步依據《土污法》與土地使用相關規定，透過工程技術、風險管理手段，配合政策與行政措施加速污染改善，以保障國民健康與安全。

　　受《土污法》列管之污染土地進行再利用或開發時，除就一般土地開發所需依據相關法令（《環境影響評估法》、《區域計畫法》、《都市計畫法》、《建築法》、《水土保持法》等）辦理申請與許可取得作業外，亦須同時完成《土污法》所要求執行事項，依循《土污法》規範之污染土地再利用方式，解除相關行為之限制。

　　污染土地再利用方式分為兩種：

1. 整治至解列後再利用：以低於管制標準為目標進行整治至解除列管，進行再利用。
2. 整治及再利用併行：整治工作配合土地開發利用，提供整治作業搭配未來開發方式規劃之機制，如表 7-2 所示。

表 7-2　污染土地再利用方式

目標		場址解列	限制
一、整治至解列後再利用	·整治場址 整治目標低於管制標準。	解除整治場址列管。	場址解列後土地利用不受《土污法》限制。
	·控制場址 控制目標低於管制標準。	解除控制場址列管。	
二、整治及再利用併行	·整治場址 配合土地開發利用者,可依用途以健康風險評估提出不低於管制標準之整治目標。	解除整治場址列管,但維持控制場址列管。	土地仍為列管狀態持續執行控制計畫及風險管理。
	·控制場址 以健康風險評估提出控制方法。	維持控制場址列管。	

二、法律相關人責任

　　《土污法》中法律相關人與對應相關責任說明如表 7-3 所示。

表 7-3　法律相關人與對應相關責任

法律相關人		相關責任
污染行為人	依《土污法》第 2 條第 15 項。 因下列行為造成土壤或地下水污染之人: ·洩漏或棄置污染物。 ·非法排放或灌注污染物。 ·仲介或容許洩漏、棄置、非法排放或灌注污染物。 ·未依法令規定清理污染物。	·控制場址: 1. 污染範圍調查工作。 2. 訂定與實施污染控制計畫。 ·整治場址: 1. 提出與執行整治場址之污染調查及評估計畫。 2. 提出與實施整治計畫。

表 7-3　法律相關人與對應相關責任（續）

法律相關人		相關責任
潛在污染責任人	依《土污法》第 2 條第 16 項。 因下列行為，致污染物累積於土壤或地下水，而造成土壤或地下水污染之人： · 排放、灌注、滲透污染物。 · 核准或同意於灌排系統及灌區集水區域內排放廢污水。	· 執行主管機關要求採取之應變必要措施。 · 清償土污基金支出之費用。
污染土地關係人	依《土污法》第 2 條第 19 項。 指土地經公告為污染控制場址或污染整治場址時非屬於污染行為人之土地使用人、管理人或所有人。例如： · 地主（土地所有人） · 土地承租人 · 土地出租人	得訂定污染控制計畫： 1. 整治場址調查及評估計畫之提出與執行。 2. 採取應變必要措施 得提出整治計畫。 3. 未盡善良管理人注意義務時，負連帶清償責任。 4. 致土地公告為控制或整治場址時，將被處以罰鍰。

（　）1. 請問以下針對「綠色及永續導向擬定整治方案」的策略內容，何者敘述錯誤？　(A)以有效的來源控管及污染移除為目標　(B)將地下水資源、土壤與土地的永續利用納入污染改善工作的重要評估指標　(C)解決污染問題同時，減低對於環境、社會與經濟的負面影響　(D)綠色及永續導向擬定整治方案又被稱為永續整治。

（　）2. 過去進行土壤及地下水污染整治時，大多以什麼目的為前提？(A)土地的目前及未來之利用方式　(B)污染物移除，低於法規標準　(C)循環經濟及生物復育　(D)風險評估。

（　）3. 污染土地再利用之兩大形式中，有關「整治及再利用併行」的內容，何者為非？　(A)土地開發之計畫書及整治計畫書一併提出進行必要之審核，通過後可同時推動　(B)以低於管制標準為目標進行整治，並解除列管後進行土地利用　(C)此方案僅能將整治場址解除整治場址身分之列管，如污染物濃度仍高於管制標準，仍需受控制場址的列管　(D)因為配合風險管理，並不須將所有污染物皆完全移除，可以大幅降低整治所需時程。

（　）4. 整治場址之污染行為人或潛在污染責任人應依《土壤及地下水污染整治法》第 14 條之調查評估結果，於主管機關通知後幾個月內，提出土壤、地下水污染整治計畫？　(A)1 個月內(B)3 個月內　(C)6 個月內　(D)12 個月內。　（專責人員題庫）

（　）5. 中央主管機關為整治土壤、地下水污染，得對公告之物質，依其產生量及輸入量，向何者徵收土壤及地下水污染整治費，並成立土壤及地下水污染整治基金？　(A)製造者　(B)輸入者　(C)以上皆是　(D)以上皆非。　　　　　　　　　（專責人員題庫）

（　）6. 依《土壤及地下水污染整治法》規定，故意污染土壤或地下水，以致成為污染控制場址或整治場址者，罰則為何？　(A)處一年以上五年以下有期徒刑　(B)處三年以上十年以下有期徒刑　(C)處七年以上十年以下有期徒刑　(D)處無期徒刑或七年以上有期徒刑。　　　　　　　（中油雇用人員招考試題）

🌱 問答題

一、 依據《土壤及地下水污染整治法》，主管機關為減輕土壤及地下水污染危害或避免污染擴大，應依污染場址實際狀況，採取那些應變必要措施？　　　　　　　　　　　　　（高考環保行政）

二、 各級主管機關為查證工作時，發現土壤、底泥或地下水因受到污染而有影響人體健康、農漁業生產或飲用水水源之虞者，得採取那些應變必要措施？　　　　　　　　　（高考環保行政）

三、 依據《土壤及地下水污染整治法》，繪圖並說明污染場址之判定流程。　　　　　　　　　　　　　　　　　（高考環保行政）

四、 簡要說明土壤、地下水調查及評估計畫的場址基本資料應包括那些項目？並說明其目的。（20分）　　　　　　（高考環保行政）

考題解析

選擇題

1	2	3	4	5	6			
A	B	B	C	C	A			

問答題

一、依據《土壤及地下水污染整治法》，主管機關為減輕土壤及地下水污染危害或避免污染擴大，應依污染場址實際狀況，採取那些應變必要措施？ （高考環保行政）

解答

依據《土壤及地下水污染整治法》第 15 條，直轄市、縣（市）主管機關為減輕污染危害或避免污染擴大，應依控制場址或整治場址實際狀況，採取下列應變必要措施：

（一）命污染行為人停止作為、停業、部分或全部停工。

（二）依《水污染防治法》調查地下水污染情形，並追查污染責任；必要時，告知居民停止使用地下水或其它受污染之水源，並得限制鑽井使用地下水。

（三）提供必要之替代飲水或通知自來水主管機關優先接裝自來水。

（四）豎立告示標誌或設置圍籬。

（五）會同農業、衛生主管機關，對因土壤污染致污染或有受污染之虞之農漁產品進行檢測；必要時，應會同農業、衛生主管機關進行管制或銷燬，並對銷燬之農漁產品予以相當之補償，或限制農地耕種特定農作物。

（六）疏散居民或管制人員活動。

（七）移除或清理污染物。

（八）其它應變必要措施。

二、 各級主管機關為查證工作時，發現土壤、底泥或地下水因受到污染而有影響人體健康、農漁業生產或飲用水水源之虞者，得採取那些應變必要措施？

（高考環保行政）

解答

同上

三、 依據《土壤及地下水污染整治法》，繪圖並說明污染場址之判定流程。

（高考環保行政）

解答

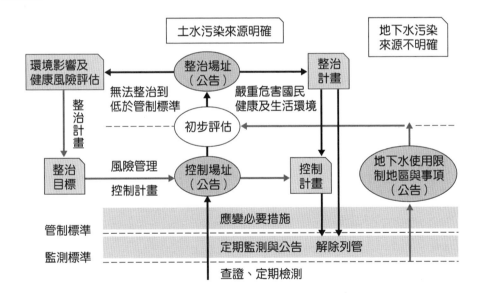

四、 簡要說明土壤、地下水調查及評估計畫的場址基本資料應包括那些
項目？並說明其目的。(20 分) （高考環保行政）

解答

　　土壤、地下水調查及評估計畫的場址基本資料包括：

（一）場址公告資料。

（二）場址名稱、地址、地號或位置及污染行為人、潛在污染責任人或污
　　　染土地關係人資料。

（三）場址沿革、目前營運狀況及運作歷史。

CHAPTER

08

毒性及關注化學物質認知與管理

　　毒性及關注化學物質管理之主要目的為防制毒性及關注化學物質污染環境或危害人體健康，同時希望藉由管理的手段來預防毒性及關注化學物質的誤用或濫用，並追蹤各類毒性及關注化學物質在環境中之流布現況。

8-1　毒性及關注化學物質認知

一、名詞說明

　　依據《毒性及關注化學物質管理法》第 2 條，相關毒性及關注化學物質名詞整理如表 8-1 所示。

表 8-1　相關毒性及關注化學物質名詞說明

名詞	說明
毒性化學物質 (toxic chemicals)	指人為有意產製或於產製過程中無意衍生之化學物質，經中央主管機關認定其毒性符合分類規定並公告者。
第一類毒性化學物質	・化學物質在環境中不易分解或因生物蓄積、生物濃縮、生物轉化等作用，致污染環境或危害人體健康者。 ・屬難分解性毒化物，如甲基汞、汞、四氯化碳、三氯甲烷等。
第二類毒性化學物質	・化學物質有致腫瘤、生育能力受損、畸胎、遺傳因子突變或其它慢性疾病等作用者。 ・屬慢毒性毒化物，如石棉、氯乙烯、鉻酸鉀、二甲基甲醯胺、苯等。

表 8-1　相關毒性及關注化學物質名詞說明（續）

名詞	說明
第三類毒性化學物質	・化學物質經暴露，將立即危害人體健康或生物生命者。 ・屬急毒性毒化物，如氮化鍋、氯、光氣、氯氣、甲醛等。
第四類毒性化學物質	・化學物質具有內分泌干擾素特性或有污染環境、危害人體健康者。 ・屬疑似毒性毒化物如二氯甲烷、乙晴、三乙胺、環己烷雙酚 A 等。
關注化學物質	指毒性化學物質以外之化學物質，基於其物質特性或國內外關注之民生消費議題，經中央主管機關認定有污染環境或危害人體健康之虞，並公告者。
既有化學物質	指經中央主管機關會商各目的事業主管機關後，建置於既有化學物質清冊中之化學物質。
新化學物質	指既有化學物質以外之化學物質。
運作	指對化學物質進行製造、輸入、輸出、販賣、運送、使用、貯存或廢棄等行為。
釋放量	指化學物質因運作而流布於空氣、水或土壤中之總量。
污染環境	指因化學物質之運作而改變空氣、水或土壤品質，致影響其正常用途，破壞自然生態或損害財物。

二、毒性及關注化學物質管理

　　依據《毒性及關注化學物質管理法》將主要管理事項摘錄說明如表 8-2 所示。

表 8-2　毒性及關注化學物質主要管理事項

管理措施	法規說明
第 8 條 限制、禁止 與核可	第一類至第三類毒性化學物質，中央主管機關得公告限制或禁止其有關之運作。 第四類毒性化學物質之運作，應於運作前向主管機關申報該毒性化學物質之毒理相關資料，取得核可文件即可運作。
第 13 條 運作核備	第一類至第三類毒性化學物質： 1. 製造、輸入、販賣者應向直轄市、縣（市）主管機關申請核發許可證，並依許可證內容運作。 2. 使用、貯存、廢棄、輸出者應向直轄市、縣（市）主管機關申請登記，並依登記文件內容運作。
第 18 條 專業技術管理人員	第一類至第三類毒性化學物質之製造、使用、貯存、運送，運作人應依規定設置專業技術管理人員，從事毒性化學物質之污染防制及危害預防。
第 35 條 應變計畫	運作第一類至第三類毒性化學物質，環保主管機關應將毒化物運作人提報之毒性化學物質之危害預防及應變計畫公開供民眾查閱。

三、關注化學物質分類

　　指毒性化學物質以外之化學物質，基於其物質特性或國內外關注之民生消費議題，經中央主管機關認定有污染環境或危害人體健康之虞，需公告之。其分類如表 8-3 所示。

表 8-3 關注化學物質分類

分類	關注化學物質
民生議題類	一氧化二氮（笑氣）、氟化氫（氫氟酸）、1,4-丁二醇、海罌粟鹼。
具食安風險疑慮化學物質類	一氧化鉛、四氧化三鉛、硫化鈉、硫氰酸鈉、β-萘（萘）酚。
爆裂物先驅化學物質類	硝酸銨、硝酸鈣、硝酸鈉、硝酸銨鈣、硝基甲烷、疊氮化鈉、過氯酸銨、過氯酸鈉、磷化鋁。

8-2　環境荷爾蒙的認知

　　大地陷入奇怪的寂靜。比如鳥兒，哪裡去了？許多人談到鳥，一臉困惑和不安。後院的餵鳥架沒有鳥光臨。少數還能看到的鳥兒奄奄一息，抖得很厲害，飛不起來。那是個沒有聲音的春天。以前，旅鶇、北美貓鳥、野鴿、松鴉、鷦鷯和其他數十種鳥，天一亮就此起彼落的鳴叫，把早晨弄得好不熱鬧，如今早上卻寂然無聲；田野、樹林、沼澤到處了無聲息。——瑞秋‧卡森《寂靜的春天》，1962

　　成大研究團隊日前就發現，有位女童幾乎天天接觸塑膠製品，沒想到，兩歲就來初經，因此提醒家長，一定要讓孩子勤洗手，而且儘量以不鏽鋼或陶瓷、取代塑膠容器，才能減少塑化劑對健康的威脅。——2017/11/18 公視新聞

一、環境荷爾蒙的危害

　　1962 年美國海洋生物學家瑞秋‧卡森出版的《寂靜的春天》一書，和 2017 年造成臺灣小女孩的性早熟，都是源自於稱為環境荷爾蒙

(environmental hormone)的同類化學物質，也被稱為「內分泌干擾物」(endocrine disrupting chemicals)。內分泌系統會分泌激素，也就是荷爾蒙，如同身體的傳令兵，以調控身體的活動，而「環境荷爾蒙」可以視為偽裝的傳令兵，它影響了身體傳令（調節）功能，造成相當嚴重的錯誤反應，對於人類的影響包括可能會造成乳癌、子宮內膜異常增生、前列腺癌、睪丸癌、不正常性發育、降低生殖力、腦下垂體及甲狀腺功能異常等。此外，更值得注意的是，某些荷爾蒙僅需極少量就可以對生物體有影響，尤其胎兒與嬰幼兒的發育成長皆倚賴荷爾蒙調控，因此使環境荷爾蒙顯得更加危險，須被眾人瞭解與注意。

可能影響內分泌系統作用的化學物質皆稱為環境荷爾蒙，目前已知有多達七十多種化學物質被列為環境荷爾蒙，主要包括農藥殺蟲劑（如DDT）、工業產品（如多氯聯苯 PCB）、塑化劑（如鄰二甲苯類）、金屬污染物（如甲基汞、鉛）、其它化學副產物（如戴奧辛）等。

二、環境荷爾蒙的流布與管制

環境荷爾蒙主要經由食物途徑與容器途徑進入人體。食物途徑是含有該化學物質的產品在完成任務後，沒有被妥善回收，成為污染物而進入環境，經由農業或漁業中的生物吸收，最後進入食物中。例如「汞」最常見的接觸來源就是由大型魚類累積而來，而戴奧辛容易累積在脂肪、乳製品中。此外，容器途徑通常源於錯誤使用食物容器，以塑膠材質的餐具為例，若溫度太高或是磨損後持續使用，就極易吸收到雙酚 A或是塑化劑而接觸到環境荷爾蒙。

隨著人們越來越了解化學合成物，化學物質被確認是環境荷爾蒙的種類也持續增加。雖然有些種類的化學物質，例如一些農藥、殺蟲劑等已被禁用多年，但環境荷爾蒙中最棘手的化學物質——持久性有機污染物(Persistent Organic Pollutants, POPs)，除了具備環境荷爾蒙的毒性外，

還由於其在環境中的持久性、半揮發性及生物累積性而難以分解，可藉由不同環境介質跨國境轉移，遂引起世界各國的重視。聯合國有鑒於國際間管制持久性有機污染物之重要性，於 2001 年在瑞典簽署斯德哥爾摩公約，正式宣示國際間願為保護人類健康和環境免受持久性有機污染物的危害付出具體行動，將包括多氯聯苯、戴奧辛、可氯丹等持久性有機污染物納入管制之列。我國雖不是斯德哥爾摩公約的締約國，但對於持久性有機污染物已嚴格管制或禁用，並持續進行全國環境流布調查、蒐集相關資訊、審慎評估公約新增物質及列管，期許與國際同步，降低我國環境受持久性有機污染物危害的風險。

 ## 8-3　食安管理與化學品管制

一、食品化學添加物之目的與危害分析

　　「食品安全事件」是指食物中有毒、有害物質對人體健康影響的公共衛生問題。近年來圈內外非法化學物質流入食品供應鏈的食安事件時有所聞。例如為讓肉圓的口感較佳，於澱粉中添加順丁烯二酸；為了增加保值期，於粽子添加硼酸鹽礦物－硼砂；為零食添加顏色的橘色 2 號重金屬色素；為了增加石斑魚的抗菌能力，而添加的人造三苯甲烷類染料－孔雀綠等。常見食品添加物之目的及危害分析如表 8-4 所示。

表 8-4　常見食品添加物之目的及危害分析

食品	添加物	目的	危害分析
肉圓	順丁烯二酸	讓口感較佳。	致病毒性高，尤其對腎臟具有高毒性
粽子	硼酸鹽礦物－硼砂。	增加保值期。	短時間攝入大量硼酸則會損害胃部、腸道、肝臟、腎臟和腦部，甚或引致死亡。
零食	橘色 2 號（工業用色素染料）。	使食品保持良好色澤。	若食用過多人工色素，可能導致生育力下降、畸形胎，甚至可能會致癌；對孩童而言，容易造成注意力不集中、過動、自制力變差、學習障礙等。
石斑魚	孔雀綠，屬三苯甲烷類的合成染料。	增加石斑魚的抗病菌能力。	會毒害實驗動物的肝臟、引致貧血和甲狀腺異常及誘發腫瘤。

二、食安管理

　　政府已將食品安全列為優先施政要項，並研訂食安五環之推動政策，所謂「食安五環」即「源頭控管」、「重建生產管理」、「加強查驗」、「加重惡意黑心廠商責任」與「全民監督食安」等五大面向，作為我國食安升級之推動方針。食安五環示意如圖 8-1 所示。

　　在「源頭控管」面向中，行政院環境部化學物質管理署（簡稱化學署），專責規劃及推動食品安全源頭的化學物質管理。化學署成立後整理近年來曾發生的食安事件，篩選現階段「有食安風險疑慮的化學物質」並透過修正《毒性化學物質管理法》，將原毒化物分四類外，再增加「關注化學物質」一類，即將具食安風險之化學物質列為關注化學物質。

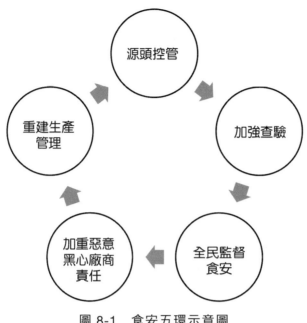

圖 8-1　食安五環示意圖

　　高度關注物質(Substances of Very High Concern, SVHC)是指基於國內外關注之民生消費議題、具環境荷爾蒙特性或其它經科學報告證明有污染環境或危害人體健康之虞之化學物質，並經中央主管機關公告者。上述「關注化學物質」之管理乃參考聯合國國際化學品管理策略方針(The Strategic Approach to International Chemicals Management, SAICM)管理精神，成立「國家化學物質管理諮詢會報」協調各目的事業主管機關權責與法規，防止管理漏洞。

 ## 8-4　化學物質登錄

　　歐盟化學總署（European Chemicals Agency，以下簡稱 ECHA）導入歐盟化學物質管理制度(Registration, Evaluation, Authorization and Restriction of Chemicals, REACH)，要求製造或輸入達一定量之化學物

質業者，需依所訂期程登錄並提交安全資料，作為毒管篩選評估並列管毒性化學物質管理之基礎。

REACH 是要建立一套新化學品註冊、評估及授權機制，藉由化學品登錄建構化學品安全使用環境，並掌握化學物質資料、評估化學物質風險、擬定管理策略，期將化學品重大負面效益降至最低。

REACH 規範的管理機制由註冊、評估、授權、限制四大部分組成，透過預註冊(Pre-registration)及註冊(Registration)的作業，初步掌握實際化學物質在歐盟境內的流布資訊，再藉由後續的評估、授權與限制等措施，來管理化學物質的使用，達到源頭管制與掌握完整資訊的目的。REACH 法規管理機制與意義如表 8-5 所示。

表 8-5　REACH 法規管理機制與意義

管理機制	意義
註冊 (Registration)	要求廠商提供化學物質的相關資訊，並使用這些資訊資料對物質進行安全管理。
評估 (Evaluation)	歐洲化學總署將對註冊檔案做品質檢查，並與會員國針對物質資訊有疑點之處，要求廠商提供進一步資訊。
授權 (Authorization)	對於可能是高度關切化學物質(SVHC)的風險予以審議和決定，如果這些風險已得到充分控制，或其社經效益大於風險，且尚無適當的替代物或技術，在這種情況下，則授權使用。
限制 (Restriction)	針對具有對人類健康或環境有嚴重危害或影響之物質，須建立一安全屏障保護人類與環境之目的，並限制物質使用的用途，甚至是禁止其使用。

　　依據 REACH 之精神，在現行《毒性及關注化學物質管理法》中將化學物質分為既有化學物質及新化學物質兩大類。

1. 既有化學物質：是我國既有化學物質清冊中搜尋到的化學物質，製造或輸入達 100 公斤以上必須進行登錄申請。

2. 新化學物質則是既有化學物質以外的化學物質，需先完成登錄核准後，才能進行製造或輸入行為。

考題練習

● 選擇題

( )1. 根據《毒性化學物質管理法》，化學物質有致腫瘤、生育能力受損、畸胎、遺傳因子突變或其它慢性疾病等作用者，屬於下列何者？ (A)第一類毒性化學物質 (B)第二類毒性化學物質 (C)第三類毒性化學物質 (D)第四類毒性化學物質。

( )2. 根據《毒性化學物質管理法》，急毒性物質屬於第幾類毒性化學物質？ (A)第一類毒性化學物質 (B)第二類毒性化學物質 (C)第三類毒性化學物質 (D)第四類毒性化學物質。

( )3. 下列有關毒性化學物質(toxic chemicals)的敘述，何者正確？ (A)占化學物質的大部分 (B)無法經由皮膚進入人體 (C)氰化物屬於第一類毒性化學物質 (D)有致腫瘤作用者屬於第二類毒性化學物質。 （專責人員題庫）

( )4. 運作下列哪一類毒化物，環保主管機關應將毒化物運作人提報之毒性化學物質之危害預防及應變計畫公開供民眾查閱？（複選） (A)第一類毒性化學物質 (B)第二類毒性化學物質 (C)第三類毒性化學物質 (D)第四類毒性化學物質 (E)中央主管機關指定公告具有危害性之關注化學物質。

（專責人員題庫）

( )5. 依〈新化學物質登記管理辦法〉規定，新化學物質符合下列哪些用途，申請人除使用登記工具繳交評估報告外，應另繳交中央主管機關指定之相關資料？（複選） (A)科學研發 (B)產品與製程研發 (C)聚合物 (D)低關注聚合物。

⌣ 問答題

一、 依據我國《毒性及關注化學物質管理法》，請說明何謂「毒性化學物質」與「關注化學物質」，並試繪製關聯圖來說明我國對化學物質之管理概念。　　　　　　　　　　　　　　　　　　（高等三級）

二、 政府為解決食安問題，在 108 年 1 月修正公告《毒性及關注化學物質管理法》，請問何謂關注化學物質？舉例說明常見關注化學物質之種類及特性。

三、 何謂 REACH 化學品管理制度，何謂既有化學物質？新化學物質？

考 題 解 析

選擇題

1	2	3	4	5					
B	C	D	ABCE	AB					

問答題

一、依據我國《毒性及關注化學物質管理法》，請說明何謂「毒性化學物質」與「關注化學物質」，並試繪製關聯圖來說明我國對化學物質之管理概念。 （高等三級）

解答

　　毒性化學物質：指人為有意產製或於產製過程中無意衍生之化學物質，經中央主管機關認定其毒性符合分類規定並公告者。

　　關注化學物質：指毒性化學物質以外之化學物質，基於其物質特性或國內外關注之民生消費議題，經中央主管機關認定有污染環境或危害人體健康之虞，並公告者。

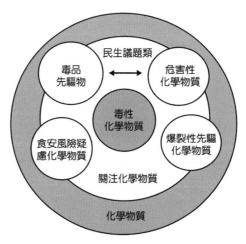

圖 8-2　化學物質管理關聯圖

二、 政府為解決食安問題，在 108 年 1 月修正公告《毒性及關注化學物質管理法》，請問何謂關注化學物質？舉例說明常見關注化學物質之種類及特性。

解答

　　關注化學物質：指毒性化學物質以外之化學物質，基於其物質特性或國內外關注之民生消費議題，經中央主管機關認定有污染環境或危害人體健康之虞，並公告者。

表 8-6　關注化學物質分類

分類	常見關注化學物質
民生議題類	一氧化二氮（笑氣）、氟化氫（氫氟酸）
具食安風險疑慮化學物質類	一氧化鉛、四氧化三鉛、硫化鈉
爆裂物先驅化學物質類	硝酸銨、硝酸鈣、硝酸鈉、疊氮化鈉等

三、 何謂 REACH 化學品管理制度，何謂既有化學物質？新化學物質？

解答

（一）歐盟化學總署導入歐盟化學物質管理制度(Registration, Evaluation, Authorization and Restriction of Chemicals, REACH)，要求製造或輸入達一定量之化學物質業者，需依所訂期程登錄並提交安全資料，作為毒管篩選評估並列管毒性化學物質管理之基礎。

（二）既有化學物質：指經中央主管機關會商各目的事業主管機關後，建置於既有化學物質清冊中之化學物質。

（三）新化學物質：指既有化學物質以外之化學物質。

CHAPTER

09

土壤與地下水污染
健康風險評估

9-1 風險分析法源與系統單元說明

一、風險分析法源、內容與意義

　　我國土壤、地下水污染場址管理是由《土壤及地下水污染整治法》（以下簡稱《土污法》）所規範。《土污法》於條文中已明確將風險評估精神納入污染場址管理運用，並作為整治目標研訂之依據。配合《土污法》規定與授權，行政院環境部已建立完整之風險評估法規制度及規範，發布〈土壤及地下水污染整治場址環境影響與健康風險評估辦法〉（以下簡稱〈風險評估辦法〉），規範執行程序、原則與主管機關決策作業之相關事項，並公告「土壤及地下水污染整治場址健康風險評估方法」，提供執行評估作業之技術規範。

　　健康風險評估在《土壤及地下水污染整治法》之污染場址管理與改善等事項扮演相當重要之角色，其主要功能為評估污染場址對人體產生之危害程度。《土污法》中，有關風險評估描述的法源、內容與意義如表 9-1 所示。

表 9-1　風險分析的法源、內容與意義

法源	內容	意義
《土污法》第 12 條第 3 項	直轄市、縣（市）主管機關於公告為控制場址後，應囑託土地所在地登記機關登載於土地登記簿，並報中央主管機關備查；**控制場址經初步評估後**，有嚴重危害國民健康及生活環境之虞時，應報請中央主管機關審核後，由中央主管機關公告為土壤、地下水污染整治場址（以下簡稱整治場址）。	風險評估的概念納入母法。

表 9-1　風險分析的法源、內容與意義（續）

法源	內容	意義
《土污法》第 12 條第 10 項	前項之場址，直轄市、縣（市）主管機關得**對環境影響與健康風險、技術及經濟效益等進行評估**，認為具整治必要性及可行性者，於擬訂計畫報中央主管機關核定後為之。	具整治必要性及可行性者。
《土污法》第 24 條第 1，2 項	1. 土壤、地下水污染整治計畫，應列明污染物濃度低於土壤、地下水污染管制標準之土壤、地下水污染整治目標。 2. 前項土壤、地下水污染整治計畫之**提出者**，如因地質條件、污染物特性或污染整治技術等因素，無法整治至污染物濃度低於土壤、地下水污染管制標準者，報請中央主管機關核准後，依**環境影響與健康風險評估**結果，提出土壤、地下水污染整治目標。	整治目標變更以環境影響與健康風險評估為基準。
《土污法》第 24 條第 8 項	第 24 條第 2 項及第 3 項環境影響與健康風險評估之危害鑑定、劑量效應評估、暴露量評估、風險特徵描述及其它應遵行事項之辦法，由中央主管機關定之。	依《土污法》訂定風險評估辦法。

註：提出者：指風險評估報告之提出者。
　　（依〈土壤及地下水污染整治場址環境影響與健康風險評估辦法〉第 2 條）

二、風險分析系統單元說明

　　依據環保部所發布〈風險評估辦法〉，為建立符合《土污法》污染場址與土地管理需求之風險分析系統，風險分析系統又稱風險管理架構，整合風險評估、風險管理、與風險溝通三者之分工而成，藉由建立完整法令規範來推動結合風險分析之污染場址管理。三個風險分析系統單元說明如表 9-2 及關聯圖 9-1 所示。

表 9-2　風險分析系統單元說明表

風險分析系統單元	說明
風險評估 (Risk Assessment)	包括環境影響風險評估與健康風險評估。 以科學性之學理為基礎所發展之量化評估工具，評估結果主要可提供危害因子產生不良影響之程度與途徑等相關訊息，以協助管理人員對於可能產生危害之行為進行預防與管理。
風險管理 (Risk Management)	依據風險評估之結果以作成決定之過程與結果，亦即在目標設定下，根據風險評估與溝通結果所訂定之管理策略。
風險溝通 (Risk Communication)	作成決策攸關民眾與利害關係者之權利義務，在評估與決策過程中必須經過充分之溝通方可順利推動，此溝通作業稱為風險溝通。

註：利害關係者：
　　係指依《土污法》所稱之污染行為人、潛在污染責任人、污染土地關係人，及污染場址土地開發行為人、污染場址所在地居民及其它經中央主管機關認定者。
　　（依〈土壤及地下水污染整治場址環境影響與健康風險評估辦法〉第 2 條）

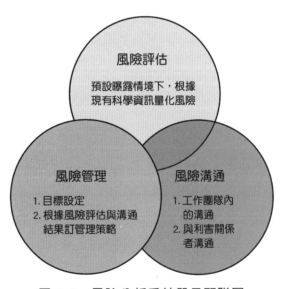

圖 9-1　風險分析系統單元關聯圖

9-2 風險分析系統單元～風險評估

環境部已建立完成健康風險評估方法，以危害鑑定、劑量效應評估、暴露評估及風險特徵描述等為基本架構，透過各個步驟的資料蒐集與判定，以預測人體暴露在有害物質中，對健康產生影響之理論性及量化之機率。風險評估作業步驟如表 9-3 所示。

表 9-3　風險評估作業步驟與主要目的

風險評估步驟	主要目的
危害鑑定 (Hazard Identification)	**確認特定化學物質與健康影響的關聯性。** 蒐集污染場址資訊與污染物檢測資料，確認污染場址關切污染物種類及其濃度，鑑定致癌毒性及非致癌毒性、可能影響關切污染物傳輸途徑及可能受到該關切污染物危害之受體，並建立污染場址概念模型。
劑量效應評估 (Dose-response Assessment)	**暴露高低與健康影響發生機率的關係。** 致癌性關切污染物應說明其致癌斜率因子，非致癌性關切污染物應說明其參考劑量或參考濃度。依據曝露程度大小，估算對健康產生影響之機率及嚴重度。
暴露評估 (Exposure Assessment)	**採納符合法規控制策略前後之受體暴露程度。** 分析各關切污染物於各環境介質中傳輸途徑、傳輸途徑上之受體及所有可能之暴露途徑，以評估各關切污染物經擴散及傳輸後，經由各種介質及各種暴露途徑進入所評估受體之總暴露劑量評估。
風險特徵描述 (Risk Characterization)	**對於人體健康風險本質與高低之描述，並包括不確定說明。** 針對上述三步驟所得之結果，加以綜合計算而得各種毒物自工業製程中，乃至排放散布環境中可能之危害性，並提出預測之數值。此數值經專家學者充分分析討論後，便成為政府部門進行毒性物質危害性管理決策中之重要依據。

註：1. 關切污染物：指風險評估所欲評估之污染物，包括濃度大於土壤、地下水污染管制標準之污染物及其它經中央主管機關指定之非屬土壤、地下水污染管制標準項目之污染物。

　　2. 評估受體：指風險評估所欲評估之受體，包括土壤及地下水污染整治場址內受體及污染場址外周圍區域受體，在健康風險評估係指人體，在環境影響風險評估係指人體以外之其它生物體。

（依〈土壤及地下水污染整治場址環境影響與健康風險評估辦法〉第 2 條）

一、評估步驟～危害鑑定

危害鑑定為健康風險評估第一個步驟，在 3 個層次評估中，其工作項目包括資料收集、關切污染物判定及危害辨識等 3 部分，說明如下。

（一）資料收集

蒐集範圍至少需包括場址 1 公里範圍內水文地質資料、污染物檢測資料及土地使用資料等。

（二）關切污染物判定

關切污染物指健康風險評估之評估污染物，包含超過土壤或地下水污染管制標準之污染物及經主管機關指定之污染物。

（三）危害辨識

危害辨識為判定關切污染物危害程度。先鑑定標的污染物及相關暴露途徑，再鑑定污染物的危害標的。主要工作包括致癌毒性鑑定及非致癌毒性鑑定。

二、評估步驟～劑量效應評估

劑量效應評估主要的目的在決定暴露程度的高低、產生效應的機會及嚴重程度的關聯性。進行劑量效應評估時，應將暴露強度、暴露者年齡及其它所有可能影響健康的因子列入考量。通常由高劑量外推到低劑量，由動物外推到人類，但必須說明以預測人體效應之外推方法與評估時的不確定性。對於劑量效應評估方式，可經由實驗數據或流行病學資料作為基礎，判別物質是否有具有閾值效應。如具有閾值，則推估參考劑量 RfD(reference dose)或參考濃度 RfC(reference concentration)，作為非致癌性風險計算的基礎；如不具閾值，則需查詢斜率因子(slope factor)，來作為致癌性風險計算的基礎。劑量效應評估相關名詞解釋整理如表 9-4 所示。

表 9-4　劑量效應評估相關名詞解釋.

名詞	說明
閾值(Threshold Limit Value, TLV)	閾值又叫恕限值，為化學物質濃度在人體代謝仍未受影響情況下之最高值。在風險評估中，引起嚴重效應或是前驅效應的最低劑量，亦即會發生顯著效應的劑量界限。主要用於評估非致癌物質的健康危害風險。
無觀察到危害效應之劑量(No-Observed-Adverse Effect Level, NOAEL)	NOAEL，亦即化學物質對健康無不良影響的最高限值。
可觀察到危害效應之最低劑量(Lowest-Observed-Adverse Effect Level, LOAEL)	LOAEL，亦即化學物質對健康有不良影響的最低限值。
慢性（長期）每日暴露（攝取）劑量 CDI(Chronic Daily Intake)代表單位：mg/kg-day	CDI，亦即長期每日攝入化學物質的劑量。
• 參考劑量(Reference Dose, RfD)　代表單位：mg/kg-day • 參考濃度(Reference Concentration，RfC)　水污染代表單位：mg/L　土壤污染代表單位：mg/kg	在制定化學物質的安全容許量是非常重要的依據，根據動物實驗結果以及嚴格的風險評估計算而得，暴露非致癌物所造成的健康風險或不良影響，是有一個「閾值」，類似門檻的意思，因此，非致癌物才有所謂的參考量值。
危害指數(Hazard Index, HI)	• 危害指數小於 1，因為暴露低於會產生不良效應的閾值，將不會造成危害。 • HI 為受體一生中因暴露於各關切污染物所致的非致癌風險。 • 如果危害指數大於 1，表示可能會超過閾值而造成危害。

表 9-4　劑量效應評估相關名詞解釋（續）

名詞	說明
不確定因子或安全係數 (Uncertainty Factors, UFs/Safety Factors SFs)	在實際推估中利用不同種類生物，例如動物資料推估人類資料、人類之間的個體差異等，這些因素會被列為不確定因子，進行所可能存在的差異性。
不確定因子修正係數 (Modifying Factor, MF)	考慮 UFs 之後，健康風險評估時，考量如實驗偏差、非長期實驗等還會加入不確定係數作為修正。

（一）非線性（非致癌性）劑量效應評估

　　非線性劑量效應通常用於危害性污染物具有閾值的情況下對於健康效應的一種評估方式。參考劑量(RfD)或參考濃度(RfC)是一種不確定的估計值，用來估算一般人口每天暴露的水準(level)，終其一生沒有可見的危害影響。其推估公式如下所示。

$$\text{RfD or RfC} = \frac{NOAEL}{UF_S \times MF}$$

　　非線性劑量與健康危害效應關係如圖 9-2 所示。

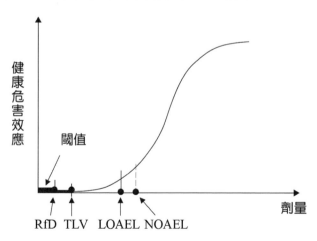

圖 9-2　非線性劑量與危害效應關係圖

（二）線性（致癌性）劑量效應評估

　　危害性化學物質其癌症風險是以暴露與健康效應沒有閾值的線性劑量效應進行評估，其斜率稱為斜率因子(Slope Factor/SF or Potency Factor /PF)，癌症的終生風險評估主要就是以暴露的強度與斜率因子來進行推估，可以下公式表示。

$$致癌終身風險度(Cancer\ Risk) =暴露劑量(CDI)×斜率因子(SF)$$

註：終身以 70 年為計算基準

　　在實際的實驗數據中，利用已知的劑量觀察發生癌症的情形，與原點（意即沒有劑量亦沒有效應的狀況）所觀察得到的直線，形成線性劑量與健康危害效應關係，如圖 9-3 所示。

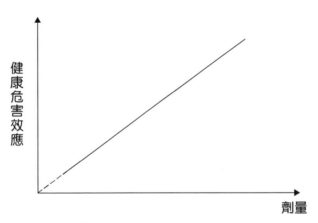

圖 9-3　線性劑量與危害效應關係圖

三、評估步驟～暴露評估

　　暴露評估主要探討的是污染物的濃度、污染物進入人體之途逕及暴露的時間長短與頻率等因子。探討人體是否有暴露於土壤、地下水污染

環境之機會及程度。透過多暴露途徑與暴露資訊的整合，採「合理的最大暴露」(Reasonable Maximum Exposure, RME)的原則，亦即在實際上有可能發生最嚴重情況的假設條件下，求得最大暴露劑量。

四、評估步驟～風險特徵描述

整合風險評估前三項步驟進行綜合性評估，估算污染物引發人體健康受影響之風險程度高低，除量化單一與多重污染物之風險外，也合併不同暴露途徑之風險。

（一）非線性（非致癌性）風險推估

$$單一污染物危害指數(Hazard\ Index, HI) = \frac{CDI}{RfD}$$

$$多重污染物危害指數危害指數 \sum HI = \frac{CDI_1}{RfD_1} + \frac{CDI_2}{RfD_2} + \cdots + \frac{CDI_i}{RfD_f}$$

式中

$CDI_i=$ 第 i 個物染物之長期性每日暴露劑量(mg/(kg-day))

$RfD_f =$ 第 i 個污染物之長期性參考劑量(mg/(kg-day))

風險評估與描述：

總危害指數若小於 1，則表示無明顯非致癌性健康風險；

總危害指數若大於 1，則表示可能產生非致癌性健康風險。

例題　某人攝入一危害物質，其長期每日攝入量(CDI)為 3×10^{-7} mg/kg/day，該物質無觀察到危害效應之劑量(NOAEL)為 8mg/kg/day，各種不確定因子之乘積為 1000，不確定係數為 0.8，請估算其危害指數(Hazard Index)，並評估是否有危害風險？

解答

1. 危害物質參考劑量 $\text{RfD} = \frac{NOAEL}{UF_S \times MF} = \frac{8}{1000 \times 0.8} = 0.01 \text{(mg/kg/day)}$

2. 危害指數 $(\text{Hazard Index, HI}) = \frac{CDI}{\text{RfD}} = \frac{3 \times 10^{-7}}{0.01} = 3 \times 10^{-5}$

3. 因危害指數小於 1，該物質每日長期攝入下並沒有危害風險。

（二）線性（致癌性）風險推估

單一污染物致癌風險：Risk= CDI×SF

式中

CDI =　長期每日攝入劑量(mg/(kg-day))

SF =　致癌斜率因子(mg/(kg-day))$^{-1}$

總致癌風險為所有暴露途徑致癌風險之總和。

$$\text{Risk}_t = \sum_{i=1}^{n} \text{Risk}_i$$

式中

Risk_t：單一暴露途徑致癌風險。

Risk_i：單一暴露途徑第 i 個危害物個別致癌風險。

風險評估與描述：

總致癌風險小於或等於 **10^{-6}** 為可接受致癌風險的上限。

總致癌風險大於 **10⁻⁶** 時，此時可進行下一層次之健康風險評估；若第二層總致癌風險小於 **10⁻⁶** 時，則表示受體所承受之風險為可接受之範圍。

例題

自來水加氯消毒時會衍生致癌性物質氯仿，某市一居民每天飲用 2L 之自來水，氯仿之濃度為 60ug/L，該市居民平均體重為 60kg，致癌的斜率因子(SF)為 $7\times10^{-3}(mg/kg/day)^{-1}$，請問致癌風險度為多少？該市人口為 500 萬，請問因飲用自來水每年罹癌人數約多少人？

解答

氯仿的 CDI $= \dfrac{60\times10^{-3}(\frac{mg}{l})\times2(\frac{2l}{day})}{60(kg)} = 0.002(mg/kg/day)$

1. 風險度=暴露劑量 × 斜率因子

   $= 0.002(mg/kg/day) \times 7\times10^{-3}\,(mg/kg/day)^{-1}$

   $= \mathbf{14\times10^{-6}}$

   亦即該市民因飲用自來水罹癌的風險為百萬分之 14。

2. 因飲用自來水每年罹癌人數 $= \dfrac{5,000,000(人)\times14\times10^{-6}}{70(年)} = \mathbf{1}(人/年)$

五、層次性健康風險評估架構

污染場址健康風險評估方法常使用層次性健康風險評估架構，其設計是基於隨著評估層次的提升，漸進式的整合更多場址特性資料的概念而建立之評估方法，並配合法令規範各層次評估作業之適用範圍。

層次性評估方法包含三層次，由第一層次至第三層次，其暴露情境的假設與暴露參數的引用由簡單至複雜。第一層次健康風險評估主要使用預設之情境與數值，現地所需之調查較少，而第二層次健康風險評估

的暴露情境雖為預設，但暴露參數則以現地調查之結果為主。此外，第一層次與第二層次的健康風險評估中所評估之暴露途徑多屬直接暴露途徑，若污染物可能經由間接暴露途徑對人體或生態造成影響，則應直接進行第三層次健康風險評估。在第三層次的健康風險評估中，除了暴露途徑與情境較複雜外，暴露參數亦可以統計分布來代替定值，再利用統計類比方法，計算風險的分布。層次性評估方法各層次意義如表 9-5 所示。

表 9-5　層次性風險評估方法各層次意義

層級	說明
第一層次 風險評估	第一層次健康風險評估主要使用預設之情境與數值，利用大多為預設數值之參數來進行風險計算。使用的預設數值通常較為保守，且假設受體於污染源所在區域與污染物發生接觸。
第二層次 風險評估	第二層次健康風險評估的暴露情境雖為預設，但暴露參數則以現地調查之結果為主，利用場址調查所得之參數來進行風險計算。對於環境介質中污染物濃度的估計可採用統計的法則，而不一定要使用測得之最大濃度。
第三層次 風險評估	第三層次的健康風險評估，除了暴露途徑與情境較複雜外，也利用較為先進的評估與計算工具，來進行風險計算。第三層次風險評估所計算之風險較前兩個層次更符合場址的狀況。但相對的，第三層次所需的場址參數調查較第一、第二層次更多、更仔細，需要耗費的時間與經費亦最多。

9-2　風險分析系統單元～風險管理

　　風險評估(Risk Assessment)是基於調查、統計、歸納與推論等客觀的科學方法，確認事實、因果關係、影響預測及預測之不確定性。風險

評估是屬於科學的程序並進行風險評估時，權益相關者須有參與風險評估決策，決定「是不是」的機會，以共同確認影響之事實。

風險管理(Risk Management)是在完成風險評估後，權衡各項替代方案之取捨優劣，決定採取何項方案，才能獲得整體風險與利益平衡之最佳決定。風險管理中權益相關者有參與風險管理決策，決定「要不要」的機會，無論是以許可或公投方式決定，風險管理的決策是屬於行政或政治的程序。決策者基於客觀正確、符合事實的資訊與綜合主觀的意願下，考量價值取捨或利益平衡作出決定。風險評估與風險管理之比較如表 9-6 所示。

表 9-6 風險評估與風險管理之比較

	風險評估	風險管理
定義	基於調查、統計、歸納與推論等客觀的科學方法，確認事實、因果關係、影響預測及預測之不確定性。	指結合風險度評估結果、法律規範、管理技術、社會經濟政治考慮等，以達成是否採取管理及管理程度（禁用或限用）之決策依據。
差異分析	確定事實及不確定性	選擇對策
	客觀的	主觀的
	科學的	政治的
	價值中立的	價值取捨的
	統計的	風險與利益平衡的選擇

9-4　風險分析系統單元～風險溝通

　　風險溝通是指將評估結果及決策內容，與利害關係人進行事實、價值及有效的多向溝通，為政府順利推動政策的關鍵。

一、風險溝通的法源依據

　　我國風險評估辦法對於風險溝通具相關規定，要求透過公開資訊、辦理說明會或公聽會等方式與場址利害關係者溝通，並依據污染場址特性，採取適合之民眾及社區參與方式。風險溝通作業法源依據與說明如表 9-7 所示。

表 9-7　風險溝通作業法源、辦理時機與說明

法源依據	辦理時機	說明
〈風險評估辦法〉第 6 條第 1 項	風險評估計畫提出者擬提出風險評估計畫之前。	提出者以公開資訊、辦理**說明會或公聽會**等方式，與利害關係者溝通，並依據污染場址特性採取適合民眾及社區參與方式。
〈風險評估辦法〉第 9 條第 1 項	風險評估計畫提出者研提風險評估報告後。	直轄市、縣（市）主管機關於收到風險評估報告後 30 日內，應會同中央主管機關，邀請初審小組委員，以及利害關係人推薦並經同意之專家學者，**舉行公聽會**。
〈風險評估辦法〉第 11 條	風險評估報告提出者在風險評估小組委員核定整治目標後。	提出者應於風險評估報告審查通過，並經中央主管機關核定整治目標後，應辦理說明會，邀集污染場址之利害關係者，**說明風險評估執行結果與整治作業配合方式**。

　　風險分析系統所作成之決策通常會攸關民眾之權利與義務，風險溝通在整個風險分析系統中扮演重要角色。藉由污染場址之改善責任主體、相關主管機關與利害關係者相互溝通，促使風險評估作業與風險管

理決策更加透明化，使民眾能清楚瞭解風險評估執行過程與使用之資料，同時，民眾亦可參與及回饋，以民眾利益為基礎發揮最大功效。搭配風險溝通可使所採取之行動更具可行性，民眾亦更清楚受到何種程度的保護。

二、溝通所需基礎風險概念

知識與科學風險資訊的落差經常形成風險溝通的障礙，溝通時應注重可及性（利害關係者容易接收到的管道或資訊）和親近性（與利害關係者生活息息相關），引導其學習和理解風險議題。溝通者傳遞風險資訊時，可先說明基礎專有名詞，以便與溝通對象有一致的理解。溝通常用基礎風險名詞如表 9-8 所示。

表 9-8　溝通常用基礎風險名詞

名詞	說明
風險與危害 (Risk and Hazard)	危害是可能造成潛在傷害的事物，風險則是危害造成傷害的可能性。現實中「零風險」是不存在的，所有的活動皆存在風險，但能採取適當的措施使其改善，成為可接受風險。
人體健康 (Human health risk)	人體暴露於某種危害物質而導致傷害性事件之可能性，常用致癌風險呈現量化結果，數值介於 0~1，越接近 1 表示發生機率越高。例如 10^{-6}（百萬分之一）指一百萬人中有 1 人因風險事件而罹患癌症。
基線風險 (Baseline risk)	基線風險指各關切污染物在未採取後續改善、整治、行政管制等措施前可能造成之潛在健康風險。
殘餘風險 (Residual risk)	風險處理後所殘留的風險。前述風險處理可包括阻絕暴露途徑和移除污染來源。風險處理可降低現有風險，亦可能創造新風險。

表 9-8　溝通常用基礎風險名詞（續）

名詞	說明
可接受風險 (Acceptable risk)	依環境部公告之健康風險評估技術規範，可接受風險一般指致癌風險介於 $10^{-6} \sim 10^{-4}$ 之間，或者非致癌風險危害商數小於 1。
健康風險評估 (Human health risk assessment)	評估人體暴露在危害性污染物質的健康影響。風險評估是將風險具體量化的科學工具，以衡量應採取何項管理措施。例如：透過氣象預報得知降雨機率（量化），然後根據量化的預測結果，決定是否攜帶雨具（管理），避免被雨淋濕的風險。

考題練習

❧ 選擇題

( )1. 下列何者不是「健康風險評估」的步驟之一？　(A)危害鑑定
(B)劑量效應評估　(C)暴露評估　(D)污染源總量評估。

( )2. 下列何者不是人體健康風險評估的步驟之一？　(A)危害鑑定
(hazard identification)　(B)暴露量評估(exposure assessment)
(C)風險判定(risk characterization)　(D)攝入推估(ingestion
assessment)。

( )3. 風險評估步驟中，依據曝露程度大小，估計對生物產生影響之
機會及嚴重程度屬於哪一步驟之評估？　(A)危害鑑定　(B)劑
量效應評估　(C)暴露評估　(D)污染源總量評估。

( )4. 就環境管理觀點，危害商數(hazard quotient)應、小於多少，則
可視為非致癌性物質尚無重大之風險？　(A)0.5 (B) 1 (C)2
(D)3。

( )5. 污染場址健康風險層次性評估方法中，評估污染物可能經由間
接暴露途徑對人體或生態造成影響，屬於第幾層次之風險評估
方法？　(A)第一　(B)第二　(C)第三。

( )6. 污染場址健康風險層次性評估方法中，大多使用較為保守之預
設參數來進行風險計算，屬於第幾層次之風險評估方法？
(A)第一　(B)第二　(C)第三。

（　）7.　請問下列哪一曲線可代表致癌物質劑量與反應曲線？　(A)A
　　　　(B)B　　(C)C　　(D)D。

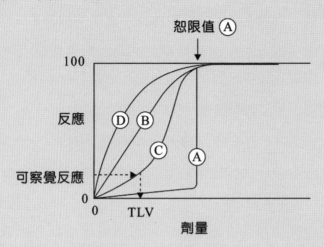

（　）8.　關於風險評估與風險管理下列敘述哪些是正確的？（複選）
　　　　(A)　風險評估是屬於科學的程序　　(B)風險管理是風險評估
　　　　後，風險與利益的平衡　　(C)風險管理中權益相關者有參與風
　　　　險管理決策，決定「要不要」的機會　　(D)風險評估是選擇對
　　　　策，是主觀的　　(E)風險評估是客觀的、科學的。

❧ 問答題

一、　飲用水中致癌物質 N-Nitrosodimethylamine (NDMA)是如何產生
　　的？已知 NDMA 之口服致癌效力因子為 50(mg/kg-d)$^{-1}$。若飲用水
　　中含有 3.0ug/L 之 NDMA，試估算成年人之吸入增量終生癌症風險
　　(incremental lifetime cancer risk)；假設成年人體重 70kg，每日飲入
　　2 公升水。　　　　　　　　　　　　　　　　　　（高考環保技術）

二、 美國環境部計算飲用水中含二溴化乙烯(EDB)的每單位濃度(10^{-9}g/L)的終生（七十年）風險為 $0.85/10^5$ 人口。若一個人飲用含 EDB 濃度平均為 5×10^{-12}g/L 的水 5 年，其風險為若干？

三、 （一）說明進行污染場址暴露評估時，污染物在土壤、地下水、空氣等三種介質中，常見之暴露途徑。

　　 （二）何謂污染場址基線 風險評估？

　　 （三）何謂非致癌危害指標(hazardindex, HI)？ 　　（高考環保行政）

四、 請解釋污染場址健康風險評估之四個步驟為何並定義之，並說明層次性健康風險評估的意義。 　　（高考環保行政）

五、 健康風險評估在《土壤及地下水污染整治法》之污染場址管理與改善等事項扮演相當重要之角色，其主要功能為評估污染場址對人體產生之危害程度。我國污染場址健康風險評估方法提供層次性健康風險評估架構，其設計是基於隨著評估層次的提升，漸進式的整合更多的場址特性資料之概念而建立之評估方法，並配合法令規範各層次評估作業之適用範圍。評估方法所採用之層次性評估方法包含三層次，請說明各層次意義。 　　（高考環保行政）

六、 近年來有關健康風險評估的議題漸受重視，許多研究分別針對污染物排放可能造成周界之環境危害或人體健康，進行相關之風險評估。然在進行風險溝通時，如何進行理性的討論與客觀的決策，請依下列不同的角色，分別說明其涵蓋的對象、應有的責任及其面對問題之考量重點。

　　 （一）風險評估者。（二）風險管理者。（三）利害相關者。

　　　　　　　　　　　　　　　　　　　　　　　　　　（普考環保行政）

附件一　風險評估時常用之環境衛生名詞解釋

名詞	說明
1　毒性(Toxicity)	毒性是指對生物體結構造成破壞或功能紊亂的一種性質。通常含有毒性之物質可能經由皮膚、呼吸或口服而導致急性或慢性疾病。而物質的毒性可由 LD_{50} 或 LC_{50} 的標準試驗決定。
2　毒性化學物質 (Toxic Chemical Substance)	化學物質因大量流布、環境蓄積、生物濃縮、生物轉化或化學反應等方式,致污染環境或危害人體健康者。此外,化學物質經實際應用或學術研究,證實有導致惡性腫瘤、生育能力受損、畸胎或遺傳因子突變等亦屬之。
3　半數致死濃度 (Lethal Concentration 50%, LC_{50})	動物實驗中,施用之化學物質能使 50%實驗動物族群發生死亡時所需要之濃度。通常對水體生物與生物呼吸道吸入之毒理研究,常以半數致死濃度替代半數致死劑量。
4　半數致死劑量 (Lethal Dosage 50%, LD_{50})	動物實驗中,能致使實驗動物產生 50%比例死亡所需要化學物質之劑量。
5　半數有效劑量 (Effective Dosage 50%, ED_{50})	能使 50%實驗動物產生反應所需要之有效劑量。ED_{50} 值越低表示某種物質對某種動物之影響力越高。
6　致死時間 (Lethal Time, LT)	生物體不論經由何種途徑因攝入毒化物,產生死亡所需之時間。其致死時間與攝入劑量有關。
7　急毒性 (Acute Toxicity)	高劑量下的化學物質在短時間內(通常在 24~48 小時內)對生物體所產生的致毒害效應。暴露的途徑(吸入、接觸、食入)可能為單一途徑或同時為二種或三種方式,為較易被生物體所吸收之化學物質在高劑量下產生立即而致危害的毒性。
8　慢性毒性 (Chronic Toxicity)	慢性毒性有別於急性毒性反應,是一種長期的蓄積毒性,可受衰老等多種因素的影響,此種資料是化學物質安全性評估和制定各類容許限值標準的重要依據。

	名詞	說明
9	生物累積 (Bioaccumulation)	指同一生物個體在其整個生活史中的不同階段，生物體內來自環境的元素或難分解化合物的濃度不斷增加的現象。
10	生物濃縮作用 (Bioconcentration)	指環境中的毒性物質可藉生物系統中食物鏈的循環反應，使其濃度在生物體內形成逐漸累積的效應。
11	生物放大作用 (Biomagnification)	隨著營養階或生物階的升高，經由生物選擇性的濃縮物質傾向，所以位於食物鏈頂的生物會累積相對高的物質濃度。
12	恕限值 (Threshold Limited Value, THV)	為污染物濃度在人體代謝仍未受影響情況下之最高值，此值稱為恕限值。一般危害性越強的物質，其恕限值越低。
13	無效應劑量 (No-Observable Effect Level, NOEL)	毒性物質評估過程使用之參考數據之一。動物實驗調查統計中，某特定化學物質對實驗體或族群不會產生任何可觀測到之致危害效應時的劑量。
14	致癌性 (Carcinogenicity)	毒性化學物質或藥劑能使生物體因攝入此化學物質而導致癌細胞之產生。此種特性稱為致癌性。
15	致突變性 (Mutagenicity)	毒性化學物質造成生物體細胞內儲存基因訊息之 DNA 在複製過程中遺傳特性的改變，此一特性可稱之為致突變性。化學物質若具有此一特性，則稱之為致突變性物質。在生物檢定測試中，可經由致突變性測試短時間內檢出可能之致癌物質，因化學物質若具生物致突變性則有相當高之比例具生物致癌性。
16	致畸胎性 (Teratogenicity)	毒性化學物質在生物體內能產生影響其生殖繁衍過程之缺陷，或因致使胚胎死亡而產生之繁殖率降低，或造成子代生理、心理或行為上之缺陷，此一特性則稱之為致畸胎性。化學物質若具此一特性則稱之為致畸胎性物質。

考 題 解 析

選擇題

1	2	3	4	5	6	7	8		
D	D	B	B	C	A	B	ABCE		

問答題

一、飲用水中致癌物質 N-Nitrosodimethylamine (NDMA)是如何產生
　　的？已知 NDMA 之口服致癌效力因子為 50(mg/kg-d)$^{-1}$。若飲用水
　　中含有 3.0ug/L 之 NDMA，試估算成年人之吸入增量終生癌症風險
　　(incremental lifetime cancer risk)；假設成年人體重 70kg，每日飲入
　　2 公升水。　　　　　　　　　　　　　　　　　　　　（高考環保技術）

解答

（一）NDMA 的產生

　　N-亞硝基二甲胺(NDMA)由二甲胺與亞硝酸鹽在酸性條件下效應而生
成，是以氯或二氧化氯消毒自來水時的可能副產物。是一種半揮發性有機
化學品，氣味很弱，易溶於水及醇、醚等有機溶劑，極易光解。NDMA 具
有強肝臟毒性，屬 IARC 第 2A 類致癌物質。

（二）NDMA 的 CDI = $\frac{3 \times 10^{-3}(\frac{mg}{l}) \times 2(\frac{2l}{day})}{70(kg)}$ = 8.57×10^{-5} (mg/kg/day)

　　　　風險度＝暴露劑量 x 斜率因子

　　　　= 8.57×10^{-5} (mg/kg/day) $\times$ 50 (mg/kg/day)$^{-1}$

　　　　= 428.5×10^{-5}

　　　　= 4285×10^{-6}

　　亦即該市民因飲用自來水罹癌的風險為百萬分之 4285

二、美國環境部計算飲用水中含二溴化乙烯(EDB)的每單位濃度(10^{-9}g/L)的終生（七十年）風險為 $0.85/10^5$ 人口。若一個人飲用含 EDB 濃度平均為 5×10^{-12}g/L 的水 5 年，其風險為若干？

解答

暴露於污染物濃度所產生的風險單位數 × 單位風險度 × $\dfrac{暴露時間}{70}$

$$\frac{5 \times 10^{-12}}{10^{-9}} \times 0.85 \times 10^{-5} \times \frac{5}{70} = 3 \times 10^{-9}$$

註

1. 單位風臉度之定義：個人因曝露於濃度 10^{-9}g/L 之水媒污染物(water borne pollutant)，對健康所造成的風險。

2. 單位終身風險度(unit life time risk)之定義：指一個人曝露於上述濃度終身（70 年）之風險度。

3. 暴露於水媒污染物 N 年，所產生的風險。

$\dfrac{暴露之污染物濃度}{單位風臉度} \times 單位風險度 \times \dfrac{N}{70}$

三、（一）說明進行污染場址暴露評估時，污染物在土壤、地下水、空氣等三種介質中，常見之暴露途徑。

（二）何謂污染場址基線 風險評估？

（三）何謂非致癌危害指標(hazardindex, HI)？　　（高考環保行政）

解答

（一）1. 土壤暴露途徑：皮膚接觸。

　　　2. 地下水暴露途徑：飲入。

　　　3. 空氣暴露途徑：呼吸。

（二）污染場址基線風險評估：

　　　說明各關切污染物在未採取後續改善、整治、行政管制等措施前可能造成之潛在環境影響與健康風險。

（三）對於環境污染所造成的非致癌性的健康影響風險評估，是以非致癌危害指標來表示其風險，當有多個危害物質同時存在且暴露途徑為

多個時，總非致癌風險為個別污染物及個別暴露途徑的個別風險之
總和；對於非致癌風險而言，評估的結果以 1 作為分界點，危害指
標若小於 1，是無危害的；危害指標若大於 1，則表示有危害且危害
指標越大，對人體的非致癌性危害也越大。

四、 請解釋污染場址健康風險評估之四個步驟為何並定義之，並說明層
　　次性健康風險評估的意義。 （高考環保行政）

解答

（一）污染場址健康風險評估之四個步驟。

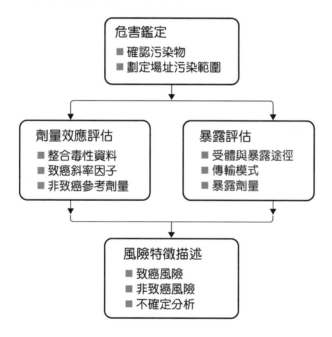

（二）層次性健康風險評估架構，其設計是基於隨著評估層次的提升，漸
　　　進式的整合更多的場址特性資料之概念而建立的評估方法，並配合
　　　法令規範各層次評估作業之適用範圍。本評估方法所採用之層次性
　　　評估方法包含三層次，由第一層次至第三層次，其暴露情境的假設
　　　與暴露參數的引用由簡單至複雜。

*類題*試說明健康風險評估之目的為何？另依「健康風險評估技術規範」所述，健康風險評估作業應包括：危害確認、劑量效應評估、暴露量評估及風險特徵描述等四部分。請分別論述各項評估作業所應包括之內容。

（地方特考環保技術）

五、 健康風險評估在《土壤及地下水污染整治法》之污染場址管理與改善等事項扮演相當重要之角色，其主要功能為評估污染場址對人體產生之危害程度。我國污染場址健康風險評估方法提供層次性健康風險評估架構，其設計是基於隨著評估層次的提升，漸進式的整合更多的場址特性資料之概念而建立之評估方法，並配合法令規範各層次評估作業之適用範圍。評估方法所採用之層次性評估方法包含三層次，請說明各層次意義。

（高考環保行政）

解答

評估方法所採用之層次性評估方法包含三層次，各層次說明與代表意義說明如下。

層級	說明
第一層次風險評估	第一層次健康風險評估主要使用預設之情境與數值，利用大多為預設數值之參數來進行風險計算。使用的預設數值通常較為保守，且假設受體於污染源所在區域與污染物發生接觸。
第二層次風險評估	第二層次健康風險評估的暴露情境雖為預設，但暴露參數則以現地調查之結果為主，利用場址調查所得之參數來進行風險計算。對於環境介質中污染物濃度的估計可採用統計的法則，而不一定要使用測得之最大濃度。
第三層次風險評估	第三層次的健康風險評估，除了暴露途徑與情境較複雜外，也利用較為先進的評估與計算工具，來進行風險計算。第三層次風險評估所計算之風險較前兩個層次更符合場址的狀況。但相對的，第三層次所需的場址參數調查較第一、第二層次更多更仔細，需要耗費的時間與經費亦最多。

六、 近年來有關健康風險評估的議題漸受重視，許多研究分別針對污染物排放可能造成周界之環境危害或人體健康，進行相關之風險評估。然在進行風險溝通時，如何進行理性的討論與客觀的決策，請依下列不同的角色，分別說明其涵蓋的對象、應有的責任及其面對問題之考量重點。

（一）風險評估者。（二）風險管理者。（三）利害相關者。

（普考環保行政）

解答

（一）風險評估者

1. 涵蓋的對象
   (1) 污染責任主體（污染行為人、潛在污染責任人、污染土地關係人）。
   (2) 計畫執行單位（顧問公司、開發或施工單位）。
   (3) 專家學者（環境部「土壤及地下水污染場址環境影響與健康風險評估小組」委員及具備相關學術專長及實務經驗者）。

2. 應有的責任
   (1) 污染責任主體：提出調查評估計畫以及依據調查評估結果提出污染改善計畫。
   (2) 計畫執行單位：受污染責任主體委託執行相關工作，包括:進行監測及調查評估、進行風險評估作業、執行污染改善計畫。
   (3) 專家學者：參與污染改善相關計畫之審查；確認客觀事實和影響預測的正確性和合理性針對解決或替代方案之適切性進行客觀的查核與討論，作成風險處理建議。

3. 面對問題之考量重點
   (1) 污染責任主體：配合縣市環保局進行定期監測或查證、並提供相關說明和所需資料，協助風險鑑別及分析；蒐集利害關係者回饋，並就爭議事項進行協商。

(2) 計畫執行單位：調查利害關係者及受影響範圍；協助污染責任主體說明相關計畫執行內容及進度；蒐集利害關係者回饋，並將其意見納入參考。

(3) 專家學者：協助傳達科學與技術事實就爭議性議題提供客觀、公正之諮詢意見。

（二）風險管理者

1. 涵蓋的對象：主管機關，包括環境部及縣市環保局。

2. 應有的責任

(1) 縣市環保局：進行污染查證公告控制場址及污染管制區、核定污染改善計畫、定期監測轄內土壤及地下水品質狀況並公告監測結果。

(2) 環境部：依縣市環保局初步評估結果，判定是否公告為土壤、地下水污染整治場址以核定整治目標。

3. 面對問題之考量重點

(1) 對外說明污染情形、法規管理措施和決策依據。

(2) 確認及監督污染調查、風險評估和污染改善計畫等執行內容，並公開資訊。

(3) 會同相關單位確認利害關係人及受影響範圍。

(4) 協助建立溝通機制確保利害關係者適時與適當地參與。

(5) 執行並監督法令規範之風險溝通程序。

(6) 蒐集利害關係者回饋，並將其意見納入決策考量。

（三）利害相關者

1. 涵蓋的對象

(1) 污染責任主體（污染行為人、潛在污染責任人、污染土地關係人）污染場址土地開發行為人、污染場址所在地居民。

(2) 政府機關（中央政府相關部會及地方政府相關局處）民意機關（縣市議會及鄉鎮市區民代表會）。

(3) 權益團體，如農、工、漁、水利會等。

(4) 非政府組織，如當地自救會、社區發展協會或環保團體等。

(5) 意見領袖，如當地村里長及專家學者。

(6) 其它，如關切風險議題的人員、組織和媒體。

2. 應有的責任：

透過主管機關建立之網路平臺、公開閱覽之風險評估計畫書／報告書及整治目標、參與公開說明會及公聽會，瞭解及掌握污染場址之污染來源、污染物種類及型態、污染及危害程度、整治目標。

3. 面對問題之考量重點：

於各階段參與風險評估決策過程，提供客觀具體建議，使風險評估過程及結果更臻完備。

APPENDIX

附 錄

附 錄 一　環境部環境管理署土壤及地下水整治網參考手冊

手冊類別	手冊名稱	手冊連結
《土污法》	《土污法》宣導手冊	
整 治 （ 預 防 ）技術	土壤及地下水重金屬污染整治作業參考指引	
	土壤氣體抽除整治技術系統設計參考指引	
	土壤氣體抽除整治技術作業參考指引	
	自然衰減評估模式參考手冊	
	應用監測式自然衰減法之可行性評估準則、設計及成效評估準則	
	監測式自然衰減整治法污染改善計畫審查參考手冊	
	土壤及地下水油品類污染整治作業參考指引	
	土壤及地下水比水重非水相液體污染整治作業參考指引	

手冊類別	手冊名稱	手冊連結
整治（預防）技術（續）	現地化學氧化法整治技術參考指引	
調查技術	軍事場址土壤及地下水污染調查評估及整治技術手冊	
	土壤及地下水污染場址調查作業參考指引總則	
	土壤及地下水重金屬污染調查作業參考指引	
	廢棄工廠土壤及地下水污染調查指引	
	土壤及地下水油品類污染調查作業參考指引	
	土壤及地下水比水重非水相液體污染調查作業參考指引	
	土壤及地下水含氯有機物污染來源調查技術參考手冊	
撰寫指引	土壤及地下水污染場址健康風險評估方法	
監測井參考手冊	地下水水質監測井維護管理作業參考手冊	

附錄二 **土壤與地下水污染監測／管制標準**

🌱 土壤污染監測標準

發布日期：民國 100 年 01 月 31 日

第一條

本標準依土壤及地下水污染整治法第六條第二項規定訂定之。

第二條

本標準所列土壤中物質濃度，受區域土壤地質條件及環境背景因素影響，經具體科學性數據研判非因外來污染而達本標準所列污染物項目之監測值，得經中央主管機關同意後，不適用本標準。

第三條

本標準所稱濃度單位之毫克／公斤，指重金屬全量分析每一公斤土壤中（乾基）所含污染物之毫克數。

第四條

污染物之監測項目及監測標準值（濃度單位：毫克／公斤）如下：

監測項目	監測標準值
砷(As)	30
鎘(Cd)	10（食用作物農地之監測基準值為 2.5）
鉻(Cr)	175
銅(Cu)	220（食用作物農地之監測基準值為 120）
汞(Hg)	10（食用作物農地之監測基準值為 2）
鎳(Ni)	130

監測項目	監測標準值
鉛(Pb)	1000（食用作物農地之監測基準值為 300）
鋅(Zn)	1000（食用作物農地之監測基準值為 260）

第五條

事業及其所屬公會或環境保護相關團體得提出具體科學性數據、資料，供中央主管機關作為本標準修正之參考。

第六條

本標準自發布日施行。

🌱 土壤污染管制標準

中華民國 90 年 11 月 21 日行政院環境保護署環署水字第 0073684 號令

中華民國 97 年 5 月 1 日行政院環境保護署環署土字第 0970031435 號令修正發布第四條、第七條

中華民國 100 年 1 月 31 日行政院環境保護署環署土字第 1000008495 號令修正發布第一條、第二條

第一條

本標準依「土壤及地下水污染整治法」第六條第二項規定訂定之。

第二條

本標準所列土壤中物質濃度，受區域土壤地質條件及環境背景因素影響，經具體科學性數據研判非因外來污染而達本標準所列污染物項目之管制值，得經中央主管機關同意後，不適用本標準。

第三條

本標準專用名詞定義如下：

一、 毫克／公斤：指每一公斤土壤中（乾基）所含污染物之毫克數。

二、 奈克-毒性當量／公斤：指每一公斤土壤中（乾基）所含之污染物
　　 奈克-毒性當量(TEQ)數。

第四條

（刪除）

第五條

污染物之管制項目及管制標準值如下：

管制項目	管制標準值
重金屬	
砷(As)	60 毫克／公斤
鎘(Cd)	20 毫克／公斤 （食用作物農地之管制標準值為 5）
鉻(Cr)	250 毫克／公斤
銅(Cu)	400 毫克／公斤 （食用作物農地之管制標準值為 200）
汞(Hg)	20 毫克／公斤 （食用作物農地之管制標準值為 5）
鎳(Ni)	200 毫克／公斤
鉛(Pb)	2000 毫克／公斤 （食用作物農地之管制標準值為 500）
鋅(Zn)	2000 毫克／公斤 （食用作物農地之管制標準值為 600）
有機化合物	
苯(Benzene)	5 毫克／公斤
四氯化碳(Carbon tetrachloride)	5 毫克／公斤
氯仿(Chloroform)	100 毫克／公斤

管制項目	管制標準值
1,2-二氯乙烷(1,2-Dichloroethane)	8 毫克／公斤
順-1,2-二氯乙烯 (cis-1,2-Dichloroethylene)	7 毫克／公斤
反 -1,2- 二 氯 乙 烯 (trans-1,2-Dichloroethylene)	50 毫克／公斤
1,2-二氯丙烷(1,2-Dichloropropane)	0.5 毫克／公斤
1,2-二氯苯(1,2-Dichlorobenzene)	100 毫克／公斤
1,3-二氯苯(1,3-Dichlorobenzene)	100 毫克／公斤
3,3'- 二 氯 聯 苯 胺 (3,3'-Dichlorobenzidine)	2 毫克／公斤
乙苯(Ethylbenzene)	250 毫克／公斤
六氯苯(Hexachlorobenzene)	500 毫克／公斤
五氯酚(Pentachlorophenol)	200 毫克／公斤
四氯乙烯(Tetrachloroethylene)	10 毫克／公斤
甲苯(Toluene)	500 毫克／公斤
總石油碳氫化合物(TPH) (Total petroleum hydrocarbons)	1000 毫克／公斤
三氯乙烯(Trichloroethylene)	60 毫克／公斤
2,4,5-三氯酚(2,4,5-Trichlorophenol)	350 毫克／公斤
2,4,6-三氯酚(2,4,6-Trichlorophenol)	40 毫克／公斤
氯乙烯(Vinyl chloride)	10 毫克／公斤
二甲苯(Xylenes)	500 毫克／公斤

管制項目	管制標準值
農　藥	
阿特靈(Aldrin)	0.04 毫克／公斤
可氯丹(Chlordane)	0.5 毫克／公斤
二氯二苯基三氯乙烷(DDT)及其衍生物 (4,4'-Dichlorodiphenyl-triichloroethane)	3 毫克／公斤
地特靈(Dieldrin)	0.04 毫克／公斤
安特靈(Endrin)	20 毫克／公斤
飛佈達(Heptachlor)	0.2 毫克／公斤
毒殺芬(Toxaphene)	0.6 毫克／公斤
安殺番(Endosulfan)	60 毫克／公斤
其它有機化合物	
戴奧辛(Dioxins)	1000 奈克-毒性當量／公斤
多氯聯苯(Polychlorinated biphenyls)	毫克／公斤

第六條

前條管制項目中，戴奧辛管制標準值之濃度，以檢測附表所列各項戴奧辛污染物所得濃度，乘以其國際毒性當量因子(I-TEF)之總和計算之，並以毒性當量(TEQ)表示。

第七條

事業及其所屬公會或環境保護相關團體得提出具體科學性數據、資料，供中央主管機關作為本標準修正之參考。

第八條

本標準自發布日施行。

🌱 地下水污染監測標準

修正日期：民國 102 年 12 月 18 日

第一條

本標準依土壤及地下水污染整治法第六條第二項規定訂定之。

第二條

本標準所列地下水中物質濃度，受區域水文地質條件及環境背景因素影響，經研判非因外來污染而達本標準所列污染物項目之監測值，得經中央主管機關同意後，不適用本標準。

第三條

地下水分為下列二類：

一、 第一類：飲用水水源水質保護區內之地下水。

二、 第二類：第一類以外之地下水。

第四條

監測項目及監測標準值（濃度單位：毫克／公升）如下：

一、 列管項目：項目與地下水污染管制標準一致，各項目之監測標準值為管制標準值之二分之一。

二、 背景與指標水質項目：

監測項目	監測標準值	
	第一類	第二類
鐵(Fe)	0.15	1.5
錳(Mn)	0.025	0.25
總硬度（以 $CaCO_3$ 計）(Total hardness as $CaCO_3$)	150	750

監測項目	監測標準值	
	第一類	第二類
總溶解固體物(Total dissolved solid)	250	1250
氯鹽(Chloride as Cl-)	125	625
氨氮(Ammonium nitrogen)	0.050	0.25
硫酸鹽（以 SO_4^{2-} 計）(Sulfate as SO_4^{2-})	125	625
總有機碳(Total organic carbon)	2.0	10
總酚(Phenols)	0.014	0.14

第五條

監測項目及頻率，依下列監測目的評估：

一、 地下水監測目的為區域背景水質調查者，依歷年水質調查結果檢討及調整。

二、 地下水監測目的為污染調查及查證者，視場址污染特性、污染改善進度及調查結果檢討及調整。

第六條

事業及其所屬公會或環境保護相關團體得提出具體科學性數據、資料，供中央主管機關作為本標準修正之參考。

第七條

1. 本標準自發布日施行。

2. 本標準中華民國一百零二年十二月十八日修正之條文，自一百零三年一月一日施行。

🌱 地下水污染管制標準

修正日期：民國 102 年 12 月 18 日

第一條

本標準依土壤及地下水污染整治法第六條第二項規定訂定之。

第二條

本標準所列地下水中物質濃度，受區域水文地質條件及環境背景因素影響，經研判非因外來污染而達本標準所列污染物項目之管制值，得經中央主管機關同意後，不適用本標準。

第三條

地下水分為下列二類：

一、 第一類：飲用水水源水質保護區內之地下水。

二、 第二類：第一類以外之地下水。

第四條

污染物之管制項目及管制標準值（濃度單位：毫克／公升）如下：

管制項目	管制標準值		備註
	第一類	第二類	
單環芳香族碳氫化合物			
苯(Benzene)	0.0050	0.050	
甲苯(Toluene)	1.0	10	
乙苯(Ethylbenzene)	0.70	7.0	
二甲苯(Xylenes)	10	100	
多環芳香族碳氫化合物			
萘(Naphthalene)	0.040	0.40	

管制項目	管制標準值		備註
	第一類	第二類	
氯化碳氫化合物			
四氯化碳 (Carbontetrachloride)	0.0050	0.050	
氯苯(Chlorobenzene)	0.10	1.0	
氯仿(Chloroform)	0.10	1.0	
氯甲烷(Chloromethane)	0.030	0.30	
1,4-二氯苯(1,4-Dichlorobenzene)	0.075	0.75	
1,1-二氯乙烷(1,1-Dichloroethane)	0.85	8.5	
1,2-二氯乙烷(1,2-Dichloroethane)	0.0050	0.050	
1,1-二氯乙烯(1,1-Dichloroethylene)	0.0070	0.70	
順-1,2-二氯乙烯(cis-1,2-Dichloroethylene)	0.070	0.70	
反-1,2-二氯乙烯(trans-1,2-Dichloroethylene)	0.10	1.0	
2,4,5-三氯酚(2,4,5-Trichlorophenol)	0.37	3.7	
2,4,6- 三氯酚(2,4,6-Trichlorophenol)	0.01	0.1	
五氯酚(Pentachlorophenol)	0.008	0.08	
四氯乙烯 (Tetrachloroethylene)	0.0050	0.050	
三氯乙烯 (Trichloroethylene)	0.0050	0.050	
氯乙烯(Vinyl chloride)	0.0020	0.020	

管制項目	管制標準值		備註
	第一類	第二類	
二氯甲烷 (Dichloromethane)	0.0050	0.050	
1,1,2- 三氯乙烷(1,1,2- Trichloroethane)	0.0050	0.050	
1,1,1- 三氯乙烷(1,1,1- Trichloroethane)	0.20	2.0	
1,2- 二氯苯(1,2- Dichlorobenzene)	0.6	6.0	
3,3'-二氯聯苯胺(3,3'- Dichlorobenzidine)	0.01	0.1	
農藥			
2,4-地(2,4-D)	0.070	0.70	
加保扶(Carbofuran)	0.040	0.40	
可氯丹(Chlordane)	0.0020	0.020	
大利松(Diazinon)	0.0050	0.050	
達馬松(Methamidophos)	0.020	0.20	
巴拉刈(Paraquat)	0.030	0.30	
巴拉松(Parathion)	0.022	0.22	
毒殺芬(Toxaphene)	0.0030	0.030	
重金屬			
砷(As)	0.050	0.50	依附件「地下水背景砷濃度潛勢範圍及來源判定流程」判定
鎘(Cd)	0.0050	0.050	
鉻(Cr)	0.050	0.50	
銅(Cu)	1.0	10	
鉛(Pb)	0.010	0.10	

管制項目	管制標準值		備註
	第一類	第二類	
汞(Hg)	0.0020	0.020	
鎳(Ni)	0.10	1.0	
鋅(Zn)	5.0	50	
銦(In)	0.07	0.7	針對製程使用含銦、鉬原料之行業辦理污染潛勢調查時需檢測項目
鉬(Mo)	0.07	0.7	
一般項目			
硝酸鹽氮（以氮計）(Nitrateas N)	10	100	
亞硝酸鹽氮（以氮計）(Nitrite as N)	1.0	10	
氟鹽（以 F-計）(Fluoride as F-)	0.8	8.0	
其它污染物			
甲基第三丁基醚(Methyl tert-butyl ether, MTBE)	0.1	1.0	
總石油碳氫化合物(Total Petroleum Hydrocarbons, TPH)	1.0	10	
氰化物（以 CN-計）(Cyanide as CN-)	0.050	0.50	

第五條

前條所列污染物之管制項目，得由各級主管機關依區域特性、調查目的、運作方式，評估、選擇及核定最適當之檢測項目與調查範圍。

第六條

事業及其所屬公會或環境保護相關團體得提出具體科學性數據、資料，供中央主管機關作為本標準修正之參考。

第七條

1. 本標準自發布日施行。

2. 本標準中華民國一百零二年十二月十八日修正之條文，自一百零三年一月一日施行。

REFERENCES 參考文獻

- 林建三。環境工程概論。鼎茂圖書公司。2012。

- 林健三。環保行政學。文笙書局。2014。

- 環保證照訓練叢書 003-092。土壤與地下水污染概論。行政院環境保護署環境保護人員訓練所。2018

- 葉琮裕。2016。土壤與地下水整治技術。初版。台灣東華書局（股）公司

- 馬鴻文、吳先琪、風險評估專書編寫小組。 2016。土壤地下水污染場址的風險評估與管理：挑戰與機會。初版。五南圖書出版（股）公司

- 徐貴新、林景行。2010。土壤污染與復育技術概論。高立圖書出版（股）公司

- 程淑芬、吳玉琛、周奮興、鄭景智、胡惠宇、陳依琪。2018。環境影響評估。初版。高立圖書出版（股）公司

- 土壤及地下水重金屬污染整治作業參考指引（104 年版）。行政院環境保護署環境保護人員訓練所。2015

- 郭益銘、劉保文、周宜成。應用於土壤與地下水有機污染整治之複合技術之可行性測試。行政院環境保護署。2011 年 12 月

- 土壤及地下水污染場址健康風險評估方法。行政院環境保護署。2014 年 7 月

- 土壤及地下水污染整治計畫撰寫指引。行政院環境保護署。2014 年 10 月

- 土壤及地下水污染場址健康風險評估作業手冊。行政院環境保護署。2015 年 12 月

- 執行用土壤污染評估調查及檢測參考手冊。行政院環境保護署。2016 年 5 月

- 楊家洲。毒性物質對人體反應機制介紹（基礎毒理學）。環保署環境事故專業技術小組。2016 年 8 月

- 整合電動力與植生復育技術整治重金屬污染土壤。行政院環境保護署。2016 年 12 月

- 現地化學氧化法整治技術參考指引。行政院環境保護署。2018 年 10 月。

- 污染土地再利用制度說明手冊。行政院環境保護署。行政院環境保護署。2018 年 6 月

- 土壤及地下水污染場址健康風險評估與管理手冊。行政院環境保護署。2020 年 9 月

- 土壤及地下水污染場址風險溝通作業參考手冊。行政院環境保護署。2021 年 12 月

- 土壤及地下水污染整治技術手冊~評估調查及監測。經濟部工業局。2004

- 土壤及地下水污染整治技術手冊~生物處理技術。經濟部工業局。2004

- 重金屬土壤及地下水污染預防與整治技術手冊。經濟部工業局。2006 年

- 石油碳氫化合物土壤及地下水污染預防與整治技術手冊。經濟部工業局。2007

- 張怡怡、莊朝欽、蔣本基、李易書、康世芳。飲用水中新興污染物之健康風險評估。自來水會刊第 28 卷第 3 期

- 薛志宏、鍾佳宏。北水處供水塑化劑含量調查與健康風險評估。自來水會刊第 38 卷第 3 期

- 黃　智、吳勇興、林淑滿、鍾裕仁。土壤清洗技術於土壤污染整治應用。中興工程季刊。第 110 期．2011 年 1 月．PP. 53-61。

- 陳呈芳。土壤及地下水污染現地化學氧化整治技術及案例介紹。中興工程顧問股份有限公司。2007 年

- 陳呈芳。土壤重金屬污染整治技術。中興工程顧問股份有限公司。2007 年

- 林威州。土壤氣體抽除法(Soil Vapor Extraction)整治技術探討。

- 中興工程顧問股份有限公司。2007 年

- 蔡昀達。土壤清洗法(soil washing)整治技術及案例介紹。中興工程顧問股份有限公司。2007

- 林威州。加油站土壤及地下水污染整治工程實例探討。中興工程季刊·第 106 期·2010 年 1 月·PP. 45-51

- 簡惠珍、阮國棟。建立環境毒物調查流布模式之基本架構。工業污染防治。第 43 期。1992 年 7 月

- 陳谷汎、高志明、蔡啟堂。土壤及地下水生物復育技術。工業污染防治。第 84 期。2002 年 8 月

- 楊登任、劉瑞華、洪淑幸、黃舒平、賴文惠。土壤及地下水污染場址健康風險評估方法。工業污染防治。第 99 期 7 月

- 陳勝一。整合性硫生物循環於土壤重金屬污染整治之應用。工業污染防治。第 110 期。2009 年 7 月

- 楊博傑、陳怡君、馬鴻文。以生命週期思維建立褐地再利用之永續衝擊評估資料庫及管理平台。工業污染防治。第 135 期。2016 年 5 月

- 張志遠、李文智、史順益、李興旺、王琳麒、張簡國平。中溫熱脫附處理戴奧辛污染土壤之節能減碳技術。工業污染防治。第 112 期。2009 年 12 月

- 詹弘毅、黃文彥、劉文堯、董上銘、林啟燦、高志明。國土污染暨髒地資產之活化再甦實務。工業污染防治。第 119 期。2011 年 10 月

- 王聖瑋。地球科學於土壤及地下水污染調查與整治之應用。業興環境科技股份有限公司。2013 年 10 月

• 許惠惊。土壤及地下水污染場址之健康風險評估。中國醫藥大學健康風險管理系。2011/08/26

• 賴志銘、江曜宇、蘇子豪、游漢明。鹽鹼地復育造林的重要性與挑戰。林業研究專訊。 Vol. 29 No. 3 。2022

• 周奮興。「土壤污染評估調查及檢測資料」文件與現場查核案例探討。臺南市公告事業法規宣導會。2022 年 9 月

• 楊雯涵。具食安風險疑慮化學 物質與源頭管理。綠川工程顧問（股）公司。2021 年 9 月

• 重點摘錄 N-亞硝二甲胺。國家衛生研究院。2019 年 7 月

• USEPA, How to Evaluate Alternative Cleanup Technologies for Underground Storage Tank Sites-A Guide for Corrective Action Plan Reviewers (EPA 510-B-94-003), 1994

• Amitdyuti Sengupta " Solidification & Stabilization of

• Contaminated Soil" B.S., Nagpur University, India, May 2007

• 《土壤及地下水污染整治法》
民國 99 年 02 月 03 日。全國法規資料庫

• 〈土壤及地下水污染整治法施行細則〉
民國 99 年 12 月 31 日。全國法規資料庫

• 〈土壤污染監測標準〉
民國 100 年 01 月 31 日。全國法規資料庫

• 〈土壤污染管制標準〉
民國 100 年 01 月 31 日。全國法規資料庫

• 〈地下水污染監測標準〉
民國 102 年 12 月 18 日。全國法規資料庫

- 〈地下水污染管制標準〉

  民國 102 年 12 月 18 日。全國法規資料庫

- 〈土壤及地下水污染場址初步評估暨處理等級評定辦法〉

  民國 102 年 04 月 24 日。全國法規資料庫

- 〈土壤污染評估調查及檢測作業管理辦法〉

  民國 100 年 10 月 21 日。全國法規資料庫

- 〈土壤及地下水污染整治基金收支保管及運用辦法〉

  民國 112 年 2 月 13 日。全國法規資料庫

- 《毒性及關注化學物質管理法》

  民國 108 年 01 月 16 日。全國法規資料庫

- 〈土壤及地下水污染整治場址環境影響與健康風險評估辦法〉

  民國 105 年 04 月 28 日。全國法規資料庫

各類重點補充請掃描 QR Code

· 土壤的剖面分層		· 大虫農業-農業中的硫循環	
· 土壤功能與重要性		· 飲用水水質項目對人體健康的影響一覽表	
· 地下水的水質特性有哪些？		· 地下水學習教材——地下水之流動	
· 土壤鹽害類型與解決方案		· 水土保持復育刻不容緩　專家研發生物製劑整治有成	
· 土壤修復採用熱脫附生產線設備工藝流程		· The process of Monitored Natural Attenuation	
· 15 種常見土壤地下水修復技術匯總		· 全國加油站及地下儲槽系統土壤及地下水污染潛勢調查	
· 土壤及地下水整治技術發展簡介		· 農地改善工法--耕犁工法（南投縣政府環境保護局）	
· 土壤理化性質		· 化學工業的歷史共業「戴奧辛」	
· 地下水的來源		· 天瑞環保	

- 國土規劃應重視褐地再利用

- 嘉義縣土壤及地下水監測網

- 歐、日、美及韓國化學品管理及監督機制之探討

- 污染場址整治決策面面觀

- 歐盟 REACH 常見問答集

- 污染場址判定流程

- 國際 REACH「高度關切物質」與我國毒管法「關注化學物質」之比較

- 歐盟 REACH 法規

- 行政院公報資訊網
- 附件二　劑量效應評估

- 國內外化學品管理系統資訊平臺蒐集與整理

- 毒性及關注化學物質快速查詢

- 土壤、地下水污染場址之風險評估

- 農地污染改善方式翻轉稀釋法正名耕犁工法

- 環境荷爾蒙就在你身邊？

- 戴奧辛危害與防制

MEMO

243

國家圖書館出版品預行編目資料

土壤與地下水污染概論/楊振峰編著. -- 初版. -- 新北市:
新文京開發出版股份有限公司, 2024.09
　　面；　公分

ISBN　978-626-392-065-1（平裝）

1. CST：土壤汙染　2. CST：水汙染

445.9　　　　　　　　　　　　　　　113013101

土壤及地下水污染概論　　　　　　　　（書號：B472）

編 著 者	楊振峰
出 版 者	新文京開發出版股份有限公司
地　　址	新北市中和區中山路二段 362 號 9 樓
電　　話	(02) 2244-8188（代表號）
Ｆ Ａ Ｘ	(02) 2244-8189
郵　　撥	1958730-2
初　　版	西元 2024 年 09 月 10 日

新文京開發出版股份有限公司

NEW
WCDP

新世紀・新視野・新文京 ― 精選教科書・考試用書・專業參考書